최신판 | PROFESSIONAL ENGINEER CONSTRUCTION SAFETY

Keypoint

건설안전기술사

공사 안전

한 경 보 | 건설안전기술사
건축시공기술사
공학박사

예문사

PREFACE

근래 모든 산업분야의 성장세가 급격하게 둔화됨은 물론 많은 산업분야가 쇠퇴기로 접어들었으며, 특히 은퇴 후 자영업에 진출하는 것의 위험성이 부각되며 많은 직장인들이 자격증 취득에 관심이 집중되고 있는 추세입니다. 불과 몇 년 전만 해도 건설업에 종사했던 경력자들은 은퇴 후 감리업무로의 전환이 쉽게 이루어졌으나 현재는 그렇지 못한 상황임을 우리 모두가 인지하고 있는 사실입니다.

상황이 이렇다 보니 많은 분들이 순수 엔지니어링 직군에 해당하는 건축이나 토목관련 기술사보다 안전분야에 대한 관심이 폭증하고 있어 건설안전기술사 응시인원은 모든 종목 중 최고치를 경신하고 있고, 특히 산업안전지도사 2023년 응시인원은 결시자를 제외하고도 5,000여 명이 응시하였으며, 2024년에는 10,000명에 육박할 것으로 예상하고 있습니다. 이러한 현상을 두고 '안전분야에 관심이 많아졌다'라고 표현은 하고 있으나, 실상은 위에서 언급한 시대상황이 반영된 것이라 해석해볼 수도 있다고 여겨집니다.

건설안전기술사에 종목의 특징은 법규에 대한 지식과 더불어 각종 공법에 대한 체계가 뒷받침되어야 하나 많은 수험생들이 법규 암기에만 집중하는 현상을 많이 목격하게 됩니다. 실제 시험에서는 법규내용을 암기하였다고 합격이 되는 것이 아니라 전문지식, 응용력과 창의력, 지도감독능력, 품위, 일반상식 5개 분야를 채점한다고 이해해야 합니다. 이 중 전문지식과 지도감독능력을 발휘할 수 있는 득점분야는 당연히 건설공사에 대한 지식수준과 이해도가 핵심이라고 보아야 할 것입니다.

본 교재는 이러한 맥락에서 건축이나 토목을 전공하지 않은 비전공자도 쉽게 이해할 수 있도록 도해를 중심으로 편집되었고 또한 최근 개정사항도 빠짐없이 수록되어 고득점을 목표로 학습하시는 수험생에게 분명 큰 도움이 될 것으로 확신합니다. 건설안전기술사에 합격하기 위해서는 공법에 대한 이해가 관건임을 이해하시고 정진하신다면 합격의 관문이 그리 어렵지 않을 것입니다.

여러분의 앞날에 늘 성공이 함께하기를 기원합니다.

2024년 1월 31일

저자 한 경 보 올림

CONTENTS

1편   가설구조물

1장 가설구조물 안전관리

01 가설구조물에 작용하는 하중 ………………………………………… 3

02 가설통로의 구조 ………………………………………………………… 4

03 안전난간의 구조 및 설치요건 ………………………………………… 5

04 사다리식 통로 등의 구조 ……………………………………………… 6

05 이동식사다리 안전작업지침 …………………………………………… 6

06 작업발판의 최대적재하중 ……………………………………………… 7

07 작업발판의 구조 ………………………………………………………… 8

08 비계의 조립·해체 및 변경 시 안전조치 …………………………… 8

09 비계의 점검 및 보수 …………………………………………………… 9

10 강관비계 ………………………………………………………………… 9

11 달비계의 구조 ………………………………………………………… 11

12 작업의자형 달비계 설치 시 준수사항 ……………………………… 12

13 말비계 사용 시 준수사항 …………………………………………… 13

14 이동식비계 사용 시 준수사항 ……………………………………… 14

15 시스템 비계 …………………………………………………………… 14

2편   재해방지시설

1장 추락재해방지시설
01 추락방지망의 설치기준 ······················· 19
02 개구부 등의 방호 조치 ······················· 19
03 추락방호망 설치기준 ························· 20
04 지붕 위에서의 위험 방지 ····················· 23
05 울타리의 설치 ····························· 23
06 수직보호망 ······························· 24
07 건설기준 진흥법상 관계전문가 구조안전확보대상 가설구조물 ··· 25

3편   토공사/기초공사

1장 일반사항
01 재해예방을 위한 사전조사 및 작업계획서 내용 ·················· 29
02 지반조사 ································ 32
03 평판재하시험 및 말뚝재하시험 ················· 34
04 토공사 안전대책 ························· 36
05 동상현상 ······························· 36
06 융해현상 ······························· 38
07 점성토와 사질토 ························· 38
08 액상화 현상 ··························· 40
09 예민비와 Thixotropy 현상 ·················· 41
10 흙의 연경도 ··························· 43
11 다짐 ································· 44
12 지진피해와 예방대책 ····················· 48

2장 지반보강

01 연약지반 ·· 51

02 지하수처리 ·· 58

3장 흙막이공

01 굴착 ··· 59

02 흙막이 공법 ·· 60

03 흙막이 안정성 저하 원인 및 대책 ································· 66

04 흙막이 배수 공법 ·· 67

05 흙막이 주변 침하 및 균열 ··· 71

06 Underpining 공법 ·· 72

07 계측관리 ··· 73

08 근접시공 및 건설공해 ··· 74

4장 기초공

01 얕은 기초 ·· 75

02 깊은 기초 ·· 75

03 박기 ··· 80

04 이음 ··· 80

05 지지력 ·· 81

06 공해대책 ··· 81

07 말뚝 시공 시 유의사항 ··· 81

08 말뚝 두부 파손 원인 및 대책 ······································· 83

09 부마찰력/구조물 부상/부등침하 ··································· 84

5장 사면안정

01 사면의 종류 및 파괴형태 ··· 88

02 사면의 붕괴원인 ··· 90

03 사면의 안전대책 ··· 91

04 산사태 원인 및 대책 ··· 93

05 사면안정계측 ··· 93

06 절토 ··· 94

07 지하매설물 안전관리 ··· 96

6장 옹벽

01 콘크리트 옹벽 ·· 99

02 보강토 옹벽 ·· 102

4편 철근콘크리트공사

1장 일반사항

01 재료 및 보관 ·· 107

02 시험 ·· 109

03 배합설계 ·· 110

2장 거푸집/동바리

01 거푸집/동바리 설계 시 고려사항 ································ 112

02 거푸집 재료 선정 시 고려사항 ································ 113

03 거푸집의 종류 ·· 113

04 System 동바리 ·· 114

05 거푸집 존치기간 ·· 116

06 거푸집/동바리 붕괴원인과 방지대책 ························ 117

07 거푸집 동바리 설계 시 고려해야 할 하중과 구조검토사항 ····· 118

08 거푸집 측압 ·· 119

3장 철근공사

01 철근재료의 구비조건 ·· 121

02 철근의 분류 ·· 121

03 철근의 이음 및 정착 ·· 122

04 철근조립 ·· 123

05 철근공사 시 안전작업지침 ·· 124

4장 콘크리트공사

01 콘크리트의 요구조건 ·· 126

02 콘크리트공사 시공단계별 준수사항 ································ 126

03 콘크리트의 성질 ··· 130

04 콘크리트 펌프카 타설 시 안전대책 ················ 133

05 방사선 차폐용 콘크리트 ································· 134

5장 균열/열화

01 균열 ·· 136

02 열화 ·· 139

03 내구성 저하의 원인 및 대책 ··························· 141

04 콘크리트 폭열 ··· 147

5편 철골공사

1장 철골공사

01 철골공사 절차 ··· 151

02 철골공사 시 안전대책 ································· 162

6편 해체공사

1장 해체공사

01 해체공사 분류 ··· 173

02 해체공사 ··· 174

03 해체공사 시 안전대책 ································· 177

7편　교량/터널/댐공사

1장 교량공사

01 교량분류 및 구조도 ································· 181

02 교량 가설공사 ································· 184

03 교량공사 시 재해유형 및 안전대책 ················· 190

04 교량의 안정성 평가 및 보수보강 ················· 192

05 강교 가설공사 ································· 195

06 교량받침(교좌장치, Shoe) ····················· 201

07 교량기초부 세굴 발생원인 및 방지대책 ············· 203

2장 터널공사

01 터널공법 분류 ································· 204

02 NATM 공법 ································· 208

03 터널공사의 재해유형과 안전대책 ················· 218

04 TBM 공법 ································· 221

05 Shield 공법 ································· 223

3장 댐공사

01 댐의 분류 ································· 226

02 댐의 시공 ································· 228

03 누수 원인 및 대책 ····························· 233

04 댐의 붕괴원인 및 대책 ························· 234

8편　항만/하천공사

1장 항만공사

01 항만구조물 분류 ······························· 237

02 방파제 ··· 238

03 계류시설 ··· 245

04 기초사석공 ··· 252

05 가물막이공(가체절) ································· 255

2장 하천공사

01 호안공 ··· 262

02 하천 제방 ·· 270

9편 부록

산업안전보건기준에 관한 규칙 ····················· 276

합격답안 작성용 모식도 ······························· 292

공사안전 총괄요약자료 ······································· 297

가설구조물

1장 가설구조물 안전관리

CHAPTER 01 가설구조물 안전관리

···01 가설구조물에 작용하는 하중

1. 설계하중

수직하중, 풍하중, 수평하중, 특수하중

2. 수직하중

1) 비계 및 작업발판의 고정하중과 활하중(적재하중)
2) 활하중의 구분
   (1) 통로역할 비계와 공구를 필요로 하는 경작업 : 바닥면적당 1.23kN/m²
   (2) 공사용 자재 적재를 필요로 하는 중작업 : 바닥면적당 2.45kN/m²
   (3) 돌붙임 공사와 같은 무거운 자재의 중량을 감안한 하중 : 3.43kN/m²

3. 풍하중

$$W_f = P_f \times A$$

여기서, P_f : 작용면 외곽의 면적(m²)
A : 설계풍력(kN/m²)

4. 수평하중

풍하중과 수직하중의 5% 해당 수평하중 중 큰 값의 하중

5. 특수하중

브래킷, 양중설비, 콘크리트 타설 장비, 낙하물방지망 등 안전시설을 고려한 하중

6. 유의사항

1) 비계의 설계는 「허용응력설계법」에 따를 것
2) 재사용 부재는 장기허용응력 적용
3) 재사용 동바리 및 재사용 비계 부재 허용압축응력은 성능저하에 따른 안전율 1.3으로 나눈 값 적용
4) 안전율 고려

비계 및 부속품	와이어로프 및 강선	전도 안전성 검토
4 이상	10 이상	2 이상

5) 설계 시 시공 시 수직하중, 풍하중, 수평하중, 특수하중 등의 하중 검토
6) 작용하중을 안전하게 기초에 전달되도록 할 것.
7) 조립 및 해체가 용이한 구조로 이음부, 교차부에서 하중을 안전하게 전달할 수 있을 것

··· 02 가설통로의 구조

1) 견고한 구조로 할 것
2) 경사는 30° 이하로 할 것. 다만, 계단을 설치하거나 높이 2m 미만의 가설통로로서 튼튼한 손잡이를 설치한 경우에는 그러하지 아니하다.
3) 경사가 15°를 초과하는 경우에는 미끄러지지 아니하는 구조로 할 것

[미끄럼막이 설치간격]

경사각	30°	29°	27°	24° 15분	22°	19° 20분	17°	14°
간격	30cm	33cm	35cm	37cm	40cm	43cm	45cm	47cm

4) 추락할 위험이 있는 장소에는 안전난간을 설치할 것. 다만, 작업상 부득이한 경우에는 필요한 부분만 임시로 해체할 수 있다.
5) 수직갱에 가설된 통로의 길이가 15m 이상인 경우에는 10m 이내마다 계단참을 설치할 것
6) 건설공사에 사용하는 높이 8m 이상인 비계다리에는 7m 이내마다 계단참을 설치할 것

··· 03   안전난간의 구조 및 설치요건

1) 상부 난간대, 중간 난간대, 발끝막이판 및 난간기둥으로 구성할 것. 다만, 중간 난간대, 발끝막이판 및 난간 기둥은 이와 비슷한 구조와 성능을 가진 것으로 대체할 수 있다.

2) 상부 난간대는 바닥면·발판 또는 경사로의 표면(이하 "바닥면 등")으로부터 90cm 이상 지점에 설치하고, 상부 난간대를 120cm 이하에 설치하는 경우에는 중간 난간대는 상부 난간대와 바닥면 등의 중간에 설치해야 하며, 120cm 이상 지점에 설치하는 경우에는 중간 난간대를 2단 이상으로 균등하게 설치하고 난간의 상하 간격은 60cm 이하가 되도록 할 것. 다만, 난간 기둥 간의 간격이 25cm 이하인 경우에는 중간 난간대를 설치하지 않을 수 있다.

3) 발끝막이판은 바닥면 등으로부터 10cm 이상의 높이를 유지할 것. 다만, 물체가 떨어지거나 날아올 위험이 없거나 그 위험을 방지할 수 있는 망을 설치하는 등 필요한 예방 조치를 한 장소는 제외한다.

4) 난간 기둥은 상부 난간대와 중간 난간대를 견고하게 떠받칠 수 있도록 적정한 간격을 유지할 것

5) 상부 난간대와 중간 난간대는 난간 길이 전체에 걸쳐 바닥면 등과 평행을 유지할 것

6) 난간대는 지름 2.7cm 이상의 금속제 파이프나 그 이상의 강도가 있는 재료일 것

7) 안전난간은 구조적으로 가장 취약한 지점에서 가장 취약한 방향으로 작용하는 100kg 이상의 하중에 견딜 수 있는 튼튼한 구조일 것

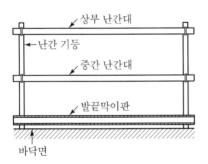

[안전난간]

··· 04   사다리식 통로 등의 구조

1) 견고한 구조로 할 것
2) 심한 손상·부식 등이 없는 재료를 사용할 것
3) 발판의 간격은 일정하게 할 것
4) 발판과 벽과의 사이는 15cm 이상의 간격을 유지할 것
5) 폭은 30cm 이상으로 할 것
6) 사다리가 넘어지거나 미끄러지는 것을 방지하기 위한 조치를 할 것
7) 사다리의 상단은 걸쳐놓은 지점으로부터 60cm 이상 올라가도록 할 것
8) 사다리식 통로의 길이가 10m 이상인 경우에는 5m 이내마다 계단참을 설치할 것
9) 사다리식 통로의 기울기는 75° 이하로 할 것
10) 접이식 사다리 기둥은 사용 시 접혀지거나 펼쳐지지 않도록 철물 등을 사용하여 견고하게 조치할 것

··· 05   이동식사다리 안전작업지침

1. 공통사항

1) 보통사다리(일자형 사다리), 신축형 사다리, 일자형으로 펼쳐지는 발붙임 겸용 사다리(A형)는 오르내리는 이동통로로만 사용
2) 모든 사다리 작업 시 안전모 착용

2. 발붙임 사다리(A형, 조경용)

1) 평탄·견고하고 미끄럼이 없는 바닥에 설치
2) 경작업(손 또는 팔을 가볍게 사용하는 작업으로서 전구교체 작업, 전기·통신 작업, 평탄한 곳의 조경작업 등), 고소작업대·비계 등 설치가 어려운 협소한 장소에서 사용
3) 사다리 작업높이가 120cm 이상~200cm 미만인 경우 : 2인 1조 작업, 최상부 발판에서는 작업금지
4) 사다리 작업높이가 200cm 이상~350cm 이하인 경우 : 2인 1조 작업 및 안전대 착용, 최상부 및 그 하단의 디딤대에서 작업 금지

3. 종류별 안전작업 지침

작업 높이	안전작업 지침
120cm 미만	반드시 안전모 착용
120cm 이상 200cm 미만	• 반드시 안전모 착용 • 2인 1조 작업 • 최상부 발판에서 작업금지
200cm 이상 350cm 이하	• 반드시 안전모 착용 • 2인 1조 작업 및 안전대 착용 • 최상부 발판+그 하단 디딤재에서 작업금지
350cm 초과	작업발판으로 사용금지

4. 공통사항

1) 평탄·견고하고 미끄럼이 없는 바닥에 설치
2) 경작업(손 또는 팔을 가볍게 사용하는 작업으로서 전구교체 작업, 전기·통신 작업, 평탄한 곳의 조경작업 등), 고소작업대·비계 등 설치가 어려운 협소한 장소에서 사용
   ※ 사다리 구조 등 그 외 안전보건조치는 「산업안전보건 기준에 관한 규칙」 준수

···06 작업발판의 최대적재하중

1) 사업주는 비계의 구조 및 재료에 따라 작업발판의 최대적재하중을 정하고, 이를 초과하여 실어서는 아니 된다.
2) 달비계(곤돌라의 달비계는 제외)의 최대적재하중을 정하는 경우 그 안전계수는 다음과 같다.
   (1) 달기 와이어로프 및 달기 강선의 안전계수 : 10 이상
   (2) 달기 체인 및 달기 훅의 안전계수 : 5 이상
   (3) 달기 강대와 달비계의 하부 및 상부 지점의 안전계수 : 강재(鋼材)의 경우 2.5 이상, 목재의 경우 5 이상
3) 위 2)의 안전계수는 와이어로프 등의 절단하중 값을 그 와이어로프 등에 걸리는 하중의 최댓값으로 나눈 값을 말한다.

··· 07 작업발판의 구조

사업주는 비계(달비계, 달대비계 및 말비계는 제외)의 높이가 2m 이상인 작업장소에 다음의 기준에 맞는 작업발판을 설치하여야 한다.

1) 발판재료는 작업할 때의 하중을 견딜 수 있도록 견고한 것으로 할 것

2) 작업발판의 폭은 40cm 이상으로 하고, 발판재료 간의 틈은 3cm 이하로 할 것. 다만, 외줄비계의 경우에는 고용노동부장관이 별도로 정하는 기준에 따른다.

3) 위 2)에도 불구하고 선박 및 보트 건조작업의 경우 선박블록 또는 엔진실 등의 좁은 작업공간에 작업발판을 설치하기 위하여 필요하면 작업발판의 폭을 30cm 이상으로 할 수 있고, 걸침비계의 경우 강관기둥 때문에 발판재료 간의 틈을 3cm 이하로 유지하기 곤란하면 5cm 이하로 할 수 있다. 이 경우 그 틈 사이로 물체 등이 떨어질 우려가 있는 곳에는 출입금지 등의 조치를 하여야 한다.

4) 추락의 위험이 있는 장소에는 안전난간을 설치할 것. 다만, 작업의 성질상 안전난간을 설치하는 것이 곤란한 경우, 작업의 필요상 임시로 안전난간을 해체할 때에 추락방호망을 설치하거나 근로자로 하여금 안전대를 사용하도록 하는 등 추락위험 방지조치를 한 경우에는 그러하지 아니하다.

5) 작업발판의 지지물은 하중에 의하여 파괴될 우려가 없는 것을 사용할 것

6) 작업발판재료는 뒤집히거나 떨어지지 않도록 둘 이상의 지지물에 연결하거나 고정시킬 것

7) 작업발판을 작업에 따라 이동시킬 경우에는 위험 방지에 필요한 조치를 할 것

··· 08 비계의 조립·해체 및 변경 시 안전조치

1) 근로자가 관리감독자의 지휘에 따라 작업하도록 할 것

2) 조립·해체 또는 변경의 시기·범위 및 절차를 그 작업에 종사하는 근로자에게 주지시킬 것

3) 조립·해체 또는 변경 작업구역에는 해당 작업에 종사하는 근로자가 아닌 사람의 출입을 금지하고 그 내용을 보기 쉬운 장소에 게시할 것

4) 비, 눈, 그 밖의 기상상태의 불안정으로 날씨가 몹시 나쁜 경우에는 그 작업을 중지시킬 것

5) 비계재료의 연결·해체작업을 하는 경우에는 폭 20cm 이상의 발판을 설치하고 근로자로 하여금 안전대를 사용하도록 하는 등 추락을 방지하기 위한 조치를 할 것

6) 재료·기구 또는 공구 등을 올리거나 내리는 경우에는 근로자가 달줄 또는 달포대 등을 사용하게 할 것

7) 사업주는 강관비계 또는 통나무비계를 조립하는 경우 쌍줄로 하여야 한다. 다만, 별도의 작업발판을 설치할 수 있는 시설을 갖춘 경우에는 외줄로 할 수 있다.

··· 09 비계의 점검 및 보수

사업주는 비, 눈, 그 밖의 기상상태의 악화로 작업을 중지시킨 후 또는 비계를 조립·해체하거나 변경한 후에 그 비계에서 작업을 하는 경우에는 해당 작업을 시작하기 전에 다음의 사항을 점검하고, 이상을 발견하면 즉시 보수하여야 한다.

1) 발판 재료의 손상 여부 및 부착 또는 걸림 상태

2) 해당 비계의 연결부 또는 접속부의 풀림 상태

3) 연결 재료 및 연결 철물의 손상 또는 부식 상태

4) 손잡이의 탈락 여부

5) 기둥의 침하, 변형, 변위(變位) 또는 흔들림 상태

6) 로프의 부착 상태 및 매단 장치의 흔들림 상태

··· 10 강관비계

1. 조립 시 준수사항

사업주는 강관비계를 조립하는 경우에 다음의 사항을 준수해야 한다.

1) 비계기둥에는 미끄러지거나 침하하는 것을 방지하기 위하여 밑받침철물을 사용하거나 깔판·받침목 등을 사용하여 밑둥잡이를 설치하는 등의 조치를 할 것

2) 강관의 접속부 또는 교차부(交叉部)는 적합한 부속철물을 사용하여 접속하거나 단단히 묶을 것

3) 교차 가새로 보강할 것

4) 외줄비계·쌍줄비계 또는 돌출비계에 대해서는 다음에서 정하는 바에 따라 벽이음 및 버팀을 설치할 것. 다만, 창틀의 부착 또는 벽면의 완성 등의 작업을 위하여 벽이음 또는 버팀을 제거하는 경우, 그 밖에 작업의 필요상 부득이한 경우로서 해당 벽이음 또는 버팀 대신 비계기둥 또는 띠장에 사재(斜材)를 설치하는 등 비계가 넘어지는 것을 방지하기 위한 조치를 한 경우에는 그러하지 아니하다.

　(1) 강관비계의 조립 간격은 [산업안전보건기준에 관한 규칙」 별표 5의 기준에 적합하도록 할 것

　(2) 강관·통나무 등의 재료를 사용하여 견고한 것으로 할 것

　(3) 인장재(引張材)와 압축재로 구성된 경우에는 인장재와 압축재의 간격을 1m 이내로 할 것

5) 가공전로(架空電路)에 근접하여 비계를 설치하는 경우에는 가공전로를 이설(移設)하거나 가공전로에 절연용 방호구를 장착하는 등 가공전로와의 접촉을 방지하기 위한 조치를 할 것

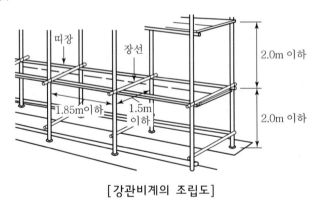

[강관비계의 조립도]

2. 강관비계의 구조

사업주는 강관을 사용하여 비계를 구성하는 경우 다음의 사항을 준수해야 한다.

1) 비계기둥의 간격은 띠장 방향에서는 1.85m 이하, 장선(長線) 방향에서는 1.5m 이하로 할 것. 다만, 다음의 어느 하나에 해당하는 작업의 경우에는 안전성에 대한 구조검토를 실시하고 조립도를 작성하면 띠장 방향 및 장선 방향으로 각각 2.7m 이하로 할 수 있다.

(1) 선박 및 보트 건조작업

(2) 그 밖에 장비 반입·반출을 위하여 공간 등을 확보할 필요가 있는 등 작업의 성질 상 비계기둥 간격에 관한 기준을 준수하기 곤란한 작업

2) 띠장 간격은 2.0m 이하로 할 것. 다만, 작업의 성질상 이를 준수하기가 곤란하여 쌍 기둥틀 등에 의하여 해당 부분을 보강한 경우에는 그러하지 아니하다.

3) 비계기둥의 제일 윗부분으로부터 31m 되는 지점 밑부분의 비계기둥은 2개의 강관으로 묶어 세울 것. 다만, 브래킷(까치발, Bracket) 등으로 보강하여 2개의 강관으로 묶을 경우 이상의 강도가 유지되는 경우에는 그러하지 아니하다.

4) 비계기둥 간의 적재하중은 400kg을 초과하지 않도록 할 것

··· 11 달비계의 구조

1) 다음의 어느 하나에 해당하는 와이어로프를 달비계에 사용해서는 아니 된다.

(1) 이음매가 있는 것

(2) 와이어로프의 한 꼬임[스트랜드(Strand)]에서 끊어진 소선(素線)[필러(Pillar)선은 제 외]의 수가 10퍼센트 이상(비자전로프의 경우에는 끊어진 소선의 수가 와이어로프 호칭지름의 6배 길이 이내에서 4개 이상이거나 호칭지름 30배 길이 이내에서 8개 이상)인 것

(3) 지름의 감소가 공칭지름의 7퍼센트를 초과하는 것

(4) 꼬인 것

(5) 심하게 변형되거나 부식된 것

(6) 열과 전기충격에 의해 손상된 것

2) 다음의 어느 하나에 해당하는 달기 체인을 달비계에 사용해서는 아니 된다.

(1) 달기 체인의 길이가 달기 체인이 제조된 때의 길이의 5퍼센트를 초과한 것

(2) 링의 단면지름이 달기 체인이 제조된 때의 해당 링의 지름의 10퍼센트를 초과하여 감소한 것

(3) 균열이 있거나 심하게 변형된 것

3) 달기 강선 및 달기 강대는 심하게 손상·변형 또는 부식된 것을 사용하지 않도록 할 것

4) 달기 와이어로프, 달기 체인, 달기 강선, 달기 강대는 한쪽 끝을 비계의 보 등에, 다른 쪽 끝을 내민 보, 앵커볼트 또는 건축물의 보 등에 각각 풀리지 않도록 설치할 것

5) 작업발판은 폭을 40cm 이상으로 하고 틈새가 없도록 할 것

6) 작업발판의 재료는 뒤집히거나 떨어지지 않도록 비계의 보 등에 연결하거나 고정시킬 것

7) 비계가 흔들리거나 뒤집히는 것을 방지하기 위하여 비계의 보·작업발판 등에 버팀을 설치하는 등 필요한 조치를 할 것

8) 선반 비계에서는 보의 접속부 및 교차부를 철선·이음철물 등을 사용하여 확실하게 접속시키거나 단단하게 연결시킬 것

9) 근로자의 추락 위험을 방지하기 위하여 다음의 조치를 할 것

   (1) 달비계에 구명줄을 설치할 것

   (2) 근로자에게 안전대를 착용하도록 하고 근로자가 착용한 안전줄을 달비계의 구명줄에 체결(締結)하도록 할 것

   (3) 달비계에 안전난간을 설치할 수 있는 구조인 경우에는 달비계에 안전난간을 설치할 것

··· 12 작업의자형 달비계 설치 시 준수사항

1) 달비계의 작업대는 나무 등 근로자의 하중을 견딜 수 있는 강도의 재료를 사용하여 견고한 구조로 제작할 것

2) 작업대의 4개 모서리에 로프를 매달아 작업대가 뒤집히거나 떨어지지 않도록 연결할 것

3) 작업용 섬유로프는 콘크리트에 매립된 고리, 건축물의 콘크리트 또는 철재 구조물 등 2개 이상의 견고한 고정점에 풀리지 않도록 결속(結束)할 것

4) 작업용 섬유로프와 구명줄은 다른 고정점에 결속되도록 할 것

5) 작업하는 근로자의 하중을 견딜 수 있을 정도의 강도를 가진 작업용 섬유로프, 구명줄 및 고정점을 사용할 것

6) 근로자가 작업용 섬유로프에 작업대를 연결하여 하강하는 방법으로 작업을 하는 경우 근로자의 조종 없이는 작업대가 하강하지 않도록 할 것

7) 작업용 섬유로프 또는 구명줄이 결속된 고정점의 로프는 다른 사람이 풀지 못하게 하고 작업 중임을 알리는 경고표지를 부착할 것

8) 작업용 섬유로프와 구명줄이 건물이나 구조물의 끝부분, 날카로운 물체 등에 의하여 절단되거나 마모(磨耗)될 우려가 있는 경우에는 로프에 이를 방지할 수 있는 보호 덮개를 씌우는 등의 조치를 할 것

9) 달비계에 다음 각 목의 작업용 섬유로프 또는 안전대의 섬유벨트를 사용하지 않을 것
   (1) 꼬임이 끊어진 것
   (2) 심하게 손상되거나 부식된 것
   (3) 2개 이상의 작업용 섬유로프 또는 섬유벨트를 연결한 것
   (4) 작업높이보다 길이가 짧은 것

10) 근로자의 추락 위험을 방지하기 위하여 다음 각 목의 조치를 할 것
   (1) 달비계에 구명줄을 설치할 것
   (2) 근로자에게 안전대를 착용하도록 하고 근로자가 착용한 안전줄을 달비계의 구명줄에 체결(締結)하도록 할 것

··· 13 말비계 사용 시 준수사항

1) 지주부재(支柱部材)의 하단에는 미끄럼 방지장치를 하고, 근로자가 양측 끝부분에 올라서서 작업하지 않도록 할 것

2) 지주부재와 수평면의 기울기를 75° 이하로 하고, 지주부재와 지주부재 사이를 고정시키는 보조부재를 설치할 것

3) 말비계의 높이가 2m를 초과하는 경우에는 작업발판의 폭을 40cm 이상으로 할 것

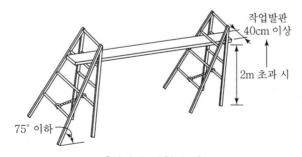

작업발판
40cm 이상
2m 초과 시
75° 이하

[말비계 설치방법]

···14 이동식비계 사용 시 준수사항

1) 이동식비계의 바퀴에는 뜻밖의 갑작스러운 이동 또는 전도를 방지하기 위하여 브레이크·쐐기 등으로 바퀴를 고정시킨 다음 비계의 일부를 견고한 시설물에 고정하거나 아웃트리거(전도방지용 지지대, Outrigger)를 설치하는 등 필요한 조치를 할 것
2) 승강용사다리는 견고하게 설치할 것
3) 비계의 최상부에서 작업을 하는 경우에는 안전난간을 설치할 것
4) 작업발판은 항상 수평을 유지하고 작업발판 위에서 안전난간을 딛고 작업을 하거나 받침대 또는 사다리를 사용하여 작업하지 않도록 할 것
5) 작업발판의 최대적재하중은 250킬로그램을 초과하지 않도록 할 것

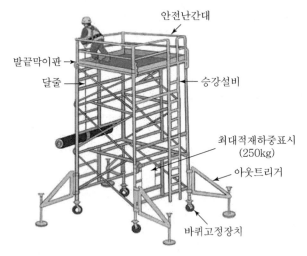

[이동식비계 설치도]

···15 시스템 비계

1. 구조

1) 수직재·수평재·가새재를 견고하게 연결하는 구조가 되도록 할 것
2) 비계 밑단의 수직재와 받침철물은 밀착되도록 설치하고, 수직재와 받침철물의 연결부의 겹침길이는 받침철물 전체길이의 3분의 1 이상이 되도록 할 것

3) 수평재는 수직재와 직각으로 설치하여야 하며, 체결 후 흔들림이 없도록 견고하게 설치할 것

4) 수직재와 수직재의 연결철물은 이탈되지 않도록 견고한 구조로 할 것

5) 벽 연결재의 설치간격은 제조사가 정한 기준에 따라 설치할 것

2. 조립 작업 시 준수사항

1) 비계 기둥의 밑둥에는 밑받침 철물을 사용하여야 하며, 밑받침에 고저차가 있는 경우에는 조절형 밑받침 철물을 사용하여 시스템 비계가 항상 수평 및 수직을 유지하도록 할 것

2) 경사진 바닥에 설치하는 경우에는 피벗형 받침 철물 또는 쐐기 등을 사용하여 밑받침 철물의 바닥면이 수평을 유지하도록 할 것

3) 가공전로에 근접하여 비계를 설치하는 경우에는 가공전로를 이설하거나 가공전로에 절연용 방호구를 설치하는 등 가공전로와의 접촉을 방지하기 위하여 필요한 조치를 할 것

4) 비계 내에서 근로자가 상하 또는 좌우로 이동하는 경우에는 반드시 지정된 통로를 이용하도록 주지시킬 것

5) 비계 작업 근로자는 같은 수직면상의 위와 아래 동시 작업을 금지할 것

6) 작업발판에는 제조사가 정한 최대적재하중을 초과하여 적재해서는 아니 되며, 최대적재하중이 표기된 표지판을 부착하고 근로자에게 주지시키도록 할 것

PART 02

재해방지시설

1장 추락재해방지시설

추락재해방지시설

···01 추락방지망의 설치기준

1) 추락방호망의 설치위치는 가능하면 작업면으로부터 가까운 지점에 설치하여야 하며, 작업면으로부터 망의 설치지점까지의 수직거리는 10m를 초과하지 아니할 것
2) 추락방호망은 수평으로 설치하고, 망의 처짐은 짧은 변 길이의 12퍼센트 이상이 되도록 할 것
3) 건축물 등의 바깥쪽으로 설치하는 경우 추락방호망의 내민 길이는 벽면으로부터 3미터 이상 되도록 할 것. 다만, 그물코가 20mm 이하인 추락방호망을 사용한 경우에는 「산업안전보건기준에 관한 규칙」 제14조 제3항에 따른 낙하물 방지망을 설치한 것으로 본다.

···02 개구부 등의 방호 조치

1) 사업주는 작업발판 및 통로의 끝이나 개구부로서 근로자가 추락할 위험이 있는 장소에는 안전난간, 울타리, 수직형 추락방망 또는 덮개 등(이하 "난간 등")의 방호 조치를 충분한 강도를 가진 구조로 튼튼하게 설치하여야 하며, 덮개를 설치하는 경우에는 뒤집히거나 떨어지지 않도록 설치하여야 한다. 이 경우 어두운 장소에서도 알아볼 수 있도록 개구부임을 표시해야 하며, 수직형 추락방망은 한국산업표준에서 정하는 성능기준에 적합한 것을 사용해야 한다.
2) 사업주는 난간 등을 설치하는 것이 매우 곤란하거나 작업의 필요상 임시로 난간 등을 해체하여야 하는 경우 「산업안전보건기준에 관한 규칙」 제42조 제2항의 기준에 맞는 추락방호망을 설치하여야 한다. 다만, 추락방호망을 설치하기 곤란한 경우에는 근로자에게 안전대를 착용하도록 하는 등 추락할 위험을 방지하기 위하여 필요한 조치를 하여야 한다.

··· 03   추락방호망 설치기준

1. 개요

망, 테두리로프, 달기로프, 시험용사로 구성된 것으로, 소재·그물코·재봉상태 등이 정하는 바에 적합해야 하며, 테두리로프 상호 접합·결속 시 충분한 강도가 갖추어지도록 관리해야 한다.

2. 구조 및 치수

1) 소재 : 합성섬유 또는 그 이상의 물리적 성질을 갖는 것이어야 한다.
2) 그물코 : 사각 또는 마름모 또는 육각 형상 등으로서 그물코 한 변의 길이는 10cm 이하이어야 한다.
3) 방망의 종류 : 매듭방망으로서 매듭은 원칙적으로 단매듭을 한다.
4) 테두리로프와 방망의 재봉 : 테두리로프는 각 그물코를 관통시키고 서로 중복됨이 없이 재봉사로 결속한다.
5) 테두리로프 상호의 접합 : 테두리로프를 중간에서 결속하는 경우는 충분한 강도를 갖도록 한다.
6) 달기로프의 결속 : 달기로프는 3회 이상 엮어 묶는 방법 또는 이와 동등 이상의 강도를 갖는 방법으로 테두리로프에 결속하여야 한다.
7) 시험용사는 방망 폐기 시 방망사의 강도를 점검하기 위하여 테두리로프에 연하여 방망에 재봉한 방망사이다.

3. 테두리로프 및 달기로프의 강도

1) 테두리로프 및 달기로프는 방망에 사용되는 로프와 동일한 시험편의 양단을 인장 시험기로 체크하거나 또는 이와 유사한 방법으로 인장속도가 매분 20cm 이상 30cm 이하의 등속인장시험(이하 "등속인장시험")을 행한 경우 인장강도가 1,500kg 이상이어야 한다.
2) 1)의 경우 시험편의 유효길이는 로프 직경의 30배 이상으로 시험편수는 5개 이상으로 하고, 산술평균하여 로프의 인장강도를 산출한다.

4. 방망사의 강도

방망사는 시험용사로부터 채취한 시험편의 양단을 인장시험기로 시험하거나 이와 유사한 방법으로서 등속인장시험을 한 경우 그 강도는 [표 1] 및 [표 2]에 정한 값 이상이어야 한다.

[표 1. 방망사의 신품에 대한 인장강도]

그물코의 크기 (단위 : cm)	방망의 종류(단위 : kg)	
	매듭 없는 방망	매듭방망
10	240	200
5		110

[표 2. 방망사의 폐기 시 인장강도]

그물코의 크기 (단위 : cm)	방망의 종류(단위 : kg)	
	매듭 없는 방망	매듭방망
10	150	135
5		60

5. 방망의 사용방법

1) 허용낙하높이

작업발판과 방망 부착위치의 수직거리(이하 "낙하높이")는 [표 3] 및 [그림 1], [그림 2]에 의해 계산된 값 이하로 한다.

[표 3. 방망의 허용 낙하높이]

높이 종류/조건	낙하높이(H_1)		방망과 바닥면 높이(H_2)		방망의 처짐길이(S)
	단일방망	복합방만	10cm 그물코	5cm 그물코	
$L < A$	$\frac{1}{4}(L+2A)$	$\frac{1}{5}(L+2A)$	$\frac{0.85}{4}(L+3A)$	$\frac{0.95}{4}(L+3A)$	$\frac{1}{4}\frac{1}{3}(L+2A)\times --$
$L \geq A$	$3/4L$	$3/5L$	$0.85L$	$0.95L$	$3/4L \times 1/3$

또, L, A의 값은 [그림 1], [그림 2]에 의한다.

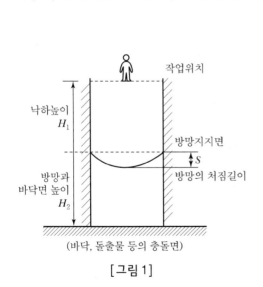

[그림 1]

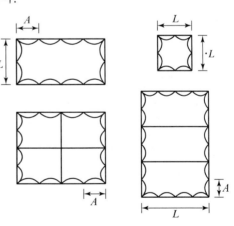

L - 단변방향길이 (단위 : m)
A - 장변방향 방망의 지지간격 (단위 : m)

[그림 2. L과 A의 관계]

2) 지지점의 강도

(1) 방망 지지점은 600kg의 외력에 견딜 수 있는 강도를 보유하여야 한다(다만, 연속적인 구조물이 방망 지지점인 경우의 외력이 다음 식에 계산한 값에 견딜 수 있는 것은 제외한다).

$$F = 200B$$

여기서, F : 외력(단위 : kg)
B : 지지점간격(단위 : m)

(2) 지지점의 응력은 다음 [표 4]에 따라 규정한 허용응력값 이상이어야 한다.

[표 4. 지지재료에 따른 허용응력]

(단위 : kg/cm²)

허용응력 지지재료	압축	인장	전단	휨	부착
일반구조용강재	2,400	2,400	1,350	2,400	–
콘크리트	4주 압축 강도의 2/3	4주 압축강도의 1/15	–		14(경량골재를 사용하는 것은 12)

3) 지지점의 간격

방망지지점의 간격은 방망주변을 통해 추락할 위험이 없는 것이어야 한다.

6. 정기시험

1) 방망의 정기시험은 사용개시 후 1년 이내로 하고, 그 후 6개월마다 1회씩 정기적으로 시험용사에 대해서 등속인장시험을 하여야 한다. 다만, 사용상태가 비슷한 다수의 방망의 시험용사에 대하여는 무작위 추출한 5개 이상을 인장시험 했을 경우 다른 방망에 대한 등속 인장시험을 생략할 수 있다.

2) 방망의 마모가 현저한 경우나 방망이 유해가스에 노출된 경우에는 사용 후 시험용사에 대해서 인장시험을 하여야 한다.

7. 보관

1) 방망은 깨끗하게 보관하여야 한다.
2) 방망은 자외선, 기름, 유해가스가 없는 건조한 장소에서 취하여야 한다.

8. 사용제한

1) 방망사가 규정한 강도 이하인 방망
2) 인체 또는 이와 동등 이상의 무게를 갖는 낙하물에 대해 충격을 받은 방망
3) 파손한 부분을 보수하지 않은 방망
4) 강도가 명확하지 않은 방망

9. 표시

1) 제조자명
2) 제조연월
3) 재봉치수
4) 그물코
5) 신품인 때의 방망의 강도

··· 04 지붕 위에서의 위험 방지

1) 사업주는 근로자가 지붕 위에서 작업을 할 때에 추락하거나 넘어질 위험이 있는 경우에는 다음의 조치를 해야 한다.
   ⑴ 지붕의 가장자리에 안전난간을 설치할 것
   ⑵ 채광창(skylight)에는 견고한 구조의 덮개를 설치할 것
   ⑶ 슬레이트 등 강도가 약한 재료로 덮은 지붕에는 폭 30cm 이상의 발판을 설치할 것
2) 사업주는 작업 환경 등을 고려할 때 위 1)-(1)에 따른 조치를 하기 곤란한 경우에는 추락방호망을 설치해야 한다. 다만, 사업주는 작업 환경 등을 고려할 때 추락방호망을 설치하기 곤란한 경우에는 근로자에게 안전대를 착용하도록 하는 등 추락 위험을 방지하기 위하여 필요한 조치를 해야 한다.

··· 05 울타리의 설치

사업주는 근로자에게 작업 중 또는 통행 시 굴러 떨어짐으로 인하여 근로자가 화상·질식 등의 위험에 처할 우려가 있는 케틀(가열 용기, Kettle), 호퍼(깔때기 모양의 출입구가

있는 큰 통, Hopper), 피트(구덩이, Pit) 등이 있는 경우에 그 위험을 방지하기 위하여 필요한 장소에 높이 90센티미터 이상의 울타리를 설치하여야 한다.

··· 06 수직보호망

1. 개요

1) 수직보호망이란 건축공사 등의 현장에서 비계 등 가설구조물의 외측면에 수직으로 설치하여 작업장소에서 비래·낙하물 등에 의한 재해의 방지를 목적으로 설치하는 보호망을 말하며, 추락 방지용으로는 사용할 수 없다.

2) 수직보호망은 합성섬유를 망 상태로 편직하거나 합성섬유를 망 상태로 편직한 것에 방염가공을 한 것 등을 봉제하고, 가로·세로 각 변의 가장자리 부분에 금속고리 등 장착부가 있어 강관 등에 설치가 가능하여야 한다.

2. 수직보호망의 설치방법

1) 수직보호망을 설치하기 위한 수평 지지대는 수직 방향으로 5.5m 이하마다 설치할 것

2) 용단, 용접 등 화재 위험이 있는 작업 시 반드시 난연 또는 방염 가공된 보호망 설치

3) 지지대에 수직보호망을 치거나 수직보호망끼리의 연결은 구멍쇠나 동등 이상의 강도를 갖는 테두리 부분에서 하고, 망을 붙여 칠 때 틈이 생기지 않도록 할 것

4) 지지대에 고정 시 망 주위를 45cm 이내의 간격으로 할 것

5) 보호망 연결 부위의 개소당 인장강도는 1,000N 이상으로 할 것

6) 단부나 모서리 등에는 그 치수에 맞는 수직보호망을 이용하여 틈이 없도록 칠 것

7) 통기성이 작은 수직보호망은 예상되는 최대 풍압력과 지지대의 내력 관계를 벽연결 등으로 충분히 보강

8) 수직보호망을 일시적으로 떼어낼 때에는 비계의 전도 등에 대한 위험을 방지할 것

3. 수직보호망의 유지관리

1) 수직보호망의 점검 및 교체·보수
   (1) 긴결부의 상태는 1개월마다 정기점검 실시
   (2) 폭우·강풍이 불고 난 후에는 수직보호망, 지지대 등의 이상 유무를 점검

(3) 용접작업 시 용접불꽃, 용접파편에 의한 망의 손상 점검 및 손상 시 교체 또는 보수

(4) 자재 반출입을 위해 일시적으로 보호망을 부분 해체할 경우 사유 해제 즉시 원상 복구

(5) 비래·낙하물·건설기기 등과의 접촉으로 보호망, 지지대 등의 파손 시 교체·보수

2) 수직보호망의 사용금지기준

(1) 망 또는 금속고리 부분이 파손된 것

(2) 규정된 보수가 불가능한 것

(3) 품질표시가 없는 것

3) 수직보호망의 보수방법

(1) 부착된 이물질 등은 제거

(2) 오염이 심한 것은 세척

(3) 용접불꽃 등으로 망이 손상된 부분은 동등 이상의 성능이 있는 망을 이용하여 보수

4) 수직보호망의 보관

(1) 통풍이 잘되는 건조한 장소에 보관

(2) 망의 크기가 다른 것은 동일 장소에 보관 시 구분하여 보관

(3) 사용기간, 사용횟수 등 사용이력을 쉽게 확인 가능하도록 보관

(4) 장착부가 금속고리 이외의 것으로 된 수직보호망은 1년마다 발췌하여 성능 확인

··· 07 건설기술 진흥법상 관계전문가 구조안전확인대상 가설구조물

1.대상

(1) 높이 31m 이상 비계, 브래킷 비계

(2) 높이 5m 이상 거푸집 및 동바리 또는 작업발판 일체형 거푸집

(3) 터널 지보공 또는 높이 2m 이상 흙막이 지보공

(4) 동력을 이용하여 움직이는 가설구조물(FCM, ILM, MSS)

(5) 높이 10m 이상에서 외부작업을 위해 설치하는 작업발판 안전시설 일체형 가설구조물 (SWC, RCS, ACS, WORLKFLAT FORM)

(6) 공사현장에서 제작하여 조립·설치하는 복합형 가설구조물(가설벤트, 작업대차, 라이닝 폼, 합벽 지지대, 노면복공 등)

(7) 발주자 또는 인·허가기관의 장이 필요하다고 인정하는 가설구조물

2. 작업발판 일체형 거푸집

(1) 갱 폼(Gang Form)　　　　　　(2) 슬립 폼(Slip Form)

(3) 클라이밍 폼(Climbing Form)　　(4) 터널 라이닝 폼(Tunnel Lining Form)

(5) 그 밖에 거푸집과 작업발판이 일체로 제작된 거푸집

3. 산업안전보건법상 가설구조물 설계변경대상

(1) 높이 31m 이상 비계

(2) 높이 5m 이상 거푸집 동바리 또는 작업발판 일체형 거푸집

(3) 터널지보공 또는 높이 2m 이상 흙막이 지보공

(4) 동력을 이용하여 움직이는 가설구조물(FCM, ILM, MSS)

4. 가설구조물 구조안전확인을 받아야 하는 관계전문가

건축구조, 토목구조, 토질 및 기초와 건설기계 직무범위 중 공사감독자 또는 건설사업관리기술인이 해당 가설구조물의 구조적 안전성을 확인하기에 적합하다고 인정하는 직무범위 기술자

5. 설계변경 요청 시 의견을 들어야 하는 전문가

건축구조기술사, 토목구조기술사, 토질 및 기초 기술사, 건설기계기술사, 안전보건공단

6. 설계변경 요청 시 필요서류(산업안전보건법 시행규칙 제88조 관련)

(1) 가설구조물의 붕괴 등으로 산업재해가 발생할 위험이 있다고 판단되는 경우

　① 설계변경 요청 대상 공사의 도면

　② 당초 설계의 문제점 및 변경요청 이유서

　③ 가설구조물의 구조계산서 등 당초 설계의 안전성에 관한 전문가의 검토 의견서 및 그 전문가(전문가가 공단인 경우는 제외)의 자격증 사본

　④ 그 밖에 재해발생의 위험이 높아 설계변경이 필요함을 증명할 수 있는 서류

(2) 공사중지 또는 유해위험방지계획서의 변경 명령을 받은 경우

　① 유해위험방지계획서 심사결과 통지서

　② 공사착공중지명령 또는 계획변경명령 등의 내용

　③ 위 (1)의 ①, ②, ④의 서류

PART 03

토공사 / 기초공사

1장 일반사항
2장 지반보강
3장 흙막이공
4장 기초공
5장 사면안정
6장 옹벽

일반사항

··· 01 재해예방을 위한 사전조사 및 작업계획서 내용

작업명	사전조사 내용	작업계획서 내용
1. 타워크레인을 설치·조립·해체하는 작업	-	가. 타워크레인의 종류 및 형식 나. 설치·조립 및 해체순서 다. 작업도구·장비·가설설비(假設設備) 및 방호설비 라. 작업인원의 구성 및 작업근로자의 역할 범위 마. 제142조에 따른 지지 방법
2. 차량계 하역운반기계 등을 사용하는 작업	-	가. 해당 작업에 따른 추락·낙하·전도·협착 및 붕괴 등의 위험 예방대책 나. 차량계 하역운반기계 등의 운행경로 및 작업방법
3. 차량계 건설기계를 사용하는 작업	해당 기계의 굴러 떨어짐, 지반의 붕괴 등으로 인한 근로자의 위험을 방지하기 위한 해당 작업장소의 지형 및 지반상태	가. 사용하는 차량계 건설기계의 종류 및 성능 나. 차량계 건설기계의 운행경로 다. 차량계 건설기계에 의한 작업방법
4. 화학설비와 그 부속 설비 사용작업	-	가. 밸브·콕 등의 조작(해당 화학설비에 원재료를 공급하거나 해당 화학설비에서 제품 등을 꺼내는 경우만 해당한다) 나. 냉각장치·가열장치·교반장치(攪拌裝置) 및 압축장치의 조작 다. 계측장치 및 제어장치의 감시 및 조정 라. 안전밸브, 긴급차단장치, 그 밖의 방호장치 및 자동경보장치의 조정 마. 덮개판·플랜지(Flange)·밸브·콕 등의 접합부에서 위험물 등의 누출 여부에 대한 점검 바. 시료의 채취

작업명	사전조사 내용	작업계획서 내용
4. 화학설비와 그 부속설비 사용작업	−	사. 화학설비에서는 그 운전이 일시적 또는 부분적으로 중단된 경우의 작업방법 또는 운전 재개 시의 작업방법 아. 이상 상태가 발생한 경우의 응급조치 자. 위험물 누출 시의 조치 차. 그 밖에 폭발·화재를 방지하기 위하여 필요한 조치
5. 제318조에 따른 전기작업	−	가. 전기작업의 목적 및 내용 나. 전기작업 근로자의 자격 및 적정 인원 다. 작업 범위, 작업책임자 임명, 전격·아크 섬광·아크 폭발 등 전기 위험 요인 파악, 접근 한계거리, 활선접근 경보장치 휴대 등 작업시작 전에 필요한 사항 라. 제319조에 따른 전로 차단에 관한 작업계획 및 전원(電源) 재투입 절차 등 작업 상황에 필요한 안전 작업 요령 마. 절연용 보호구 및 방호구, 활선작업용 기구·장치 등의 준비·점검·착용·사용 등에 관한 사항 바. 점검·시운전을 위한 일시 운전, 작업 중단 등에 관한 사항 사. 교대 근무 시 근무 인계(引繼)에 관한 사항 아. 전기작업장소에 대한 관계 근로자가 아닌 사람의 출입금지에 관한 사항 자. 전기안전작업계획서를 해당 근로자에게 교육할 수 있는 방법과 작성된 전기안전작업계획서의 평가·관리계획 차. 전기 도면, 기기 세부 사항 등 작업과 관련되는 자료
6. 굴착작업	가. 형상·지질 및 지층의 상태 나. 균열·함수(含水)·용수 및 동결의 유무 또는 상태 다. 매설물 등의 유무 또는 상태 라. 지반의 지하수위 상태	가. 굴착방법 및 순서, 토사 반출 방법 나. 필요한 인원 및 장비 사용계획 다. 매설물 등에 대한 이설·보호대책 라. 사업장 내 연락방법 및 신호방법 마. 흙막이 지보공 설치방법 및 계측계획 바. 작업지휘자의 배치계획 사. 그 밖에 안전·보건에 관련된 사항

작업명	사전조사 내용	작업계획서 내용
7. 터널굴착작업	보링(Boring) 등 적절한 방법으로 낙반·출수(出水) 및 가스폭발 등으로 인한 근로자의 위험을 방지하기 위하여 미리 지형·지질 및 지층상태를 조사	가. 굴착의 방법 나. 터널지보공 및 복공(覆工)의 시공방법과 용수(湧水)의 처리방법 다. 환기 또는 조명시설을 설치할 때에는 그 방법
8. 교량작업	–	가. 작업 방법 및 순서 나. 부재(部材)의 낙하·전도 또는 붕괴를 방지하기 위한 방법 다. 작업에 종사하는 근로자의 추락 위험을 방지하기 위한 안전조치 방법 라. 공사에 사용되는 가설 철구조물 등의 설치·사용·해체 시 안전성 검토 방법 마. 사용하는 기계 등의 종류 및 성능, 작업방법 바. 작업지휘자 배치계획 사. 그 밖에 안전·보건에 관련된 사항
9. 채석작업	지반의 붕괴·굴착기계의 굴러 떨어짐 등에 의한 근로자에게 발생할 위험을 방지하기 위한 해당 작업장의 지형·지질 및 지층의 상태	가. 노천굴착과 갱내굴착의 구별 및 채석방법 나. 굴착면의 높이와 기울기 다. 굴착면 소단(小段: 비탈면의 경사를 완화시키기 위해 중간에 좁은 폭으로 설치하는 평탄한 부분)의 위치와 넓이 라. 갱내에서의 낙반 및 붕괴방지 방법 마. 발파방법 바. 암석의 분할방법 사. 암석의 가공장소 아. 사용하는 굴착기계·분할기계·적재기계 또는 운반기계(이하 "굴착기계 등"이라 한다)의 종류 및 성능 자. 토석 또는 암석의 적재 및 운반방법과 운반경로 차. 표토 또는 용수(湧水)의 처리방법
10. 건물 등의 해체작업	해체건물 등의 구조, 주변 상황 등	가. 해체의 방법 및 해체 순서도면 나. 가설설비·방호설비·환기설비 및 살수·방화설비 등의 방법 다. 사업장 내 연락방법 라. 해체물의 처분계획

작업명	사전조사 내용	작업계획서 내용
10. 건물 등의 해체작업	해체건물 등의 구조, 주변 상황 등	마. 해체작업용 기계·기구 등의 작업계획서 바. 해체작업용 화약류 등의 사용계획서 사. 그 밖에 안전·보건에 관련된 사항
11. 중량물의 취급 작업	–	가. 추락위험을 예방할 수 있는 안전대책 나. 낙하위험을 예방할 수 있는 안전대책 다. 전도위험을 예방할 수 있는 안전대책 라. 협착위험을 예방할 수 있는 안전대책 마. 붕괴위험을 예방할 수 있는 안전대책
12. 궤도와 그 밖의 관련설 비의 보수·점검작업 13. 입환작업(入換作業)	–	가. 적절한 작업 인원 나. 작업량 다. 작업순서 라. 작업방법 및 위험요인에 대한 안전조치방법 등

··· 02 지반조사

1. 지하탐사법

1) 터 파보기
2) 짚어보기
3) 물리적 탐사
   (1) 탄성파 탐사
   (2) 음파 탐사
   (3) 전기 탐사

2. 사운딩(Sounding)

1) 표준관입 시험(SPT) → N치
2) 콘 관입 시험(CPT)
3) 베인 테스트(Vane Test)
4) 스웨덴식 사운딩 시험(Screw Point)

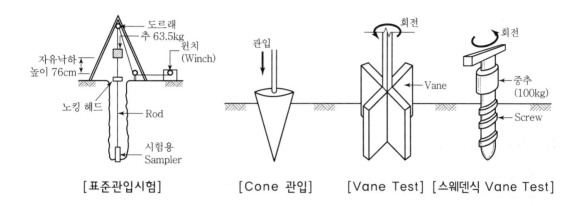

[표준관입시험]   [Cone 관입]   [Vane Test] [스웨덴식 Vane Test]

3. 보링(Boring)

1) 회전식
2) 충격식
3) 핸드 오거식
4) 수세식

4. 시료채취(Sampling)

1) 교란 시료채취
2) 불교란 시료채취

5. 토질시험(Soil Test)

1) 물리적 시험

(1) 비중
(2) 함수량
(3) 입도
(4) 액성한계
(5) 소성한계
(6) 수축한계
(7) 밀도

2) 역학적 시험

   (1) 투수시험

   (2) 압밀시험

   (3) 전단시험

6. 재하시험(Load Test)

   1) 평판재하시험(PBT)

   2) 말뚝재하시험(PLT)

··· 03 평판재하시험 및 말뚝재하시험

1. 평판재하시험

   1) 실제 기초지면에서 직접 재하하여 침하량을 측정함으로써 지내력을 판정하는 시험

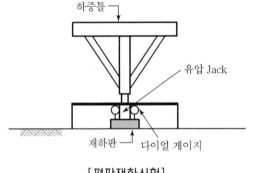

[평판재하시험]

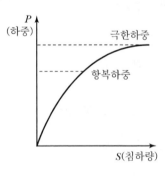

[하중－침하량 곡선도]

   2) 측정장치

   (1) 재하판

   (2) 반력장치

   (3) 재하장치(Jack)

   (4) 침하량 측정장치

3) 지내력계수 산정

(1) 일정 하중에서의 재하판 침하량으로 하중강도를 나눈 값

(2) $K = \dfrac{하중(p)}{침하량(s)}$

4) 시험 목적

(1) 건축물의 기초지반 지지력 시험(침하관리)

(2) 교량 등 토목구조물의 지지력 시험(침하관리)

(3) 도로의 노상이나 노체의 지지력 시험(다짐관리)

2. 말뚝재하시험

1) 시험말뚝에 하중을 가하여 말뚝의 침하량을 측정하여 지지력을 측정하는 시험

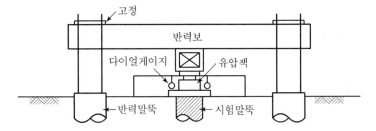

2) 재하시험의 목적

(1) 말뚝설계를 위한 지지력 결정

(2) 말뚝기초의 규격과 소요량 결정

(3) 기 시공된 말뚝의 안전성 확인

3) 재하시험의 분류

(1) 압축재하시험

　① 사하중 재하방법

　② 반력말뚝 사용방법

(2) 인발재하시험

　① 1개 유압잭 사용방법

　② 2개 유압잭 사용방법

(3) 수평재하시험

··· 04 토공사 안전대책

1. 공사 전 준수사항

1) 작업의 이해
2) 근로자 소요 인원 파악
3) 장애물 제거
4) 매설물 방호조치
5) 자재 반입
6) 토사 반출
7) 신호체제
8) 지하수 유입

2. 작업 시 준수사항

1) 불안전한 상태 점검
2) 근로자 적절 배치
3) 사용기기, 공구 확인
4) 안전보호구 착용
5) 단계별 안전교육
6) 출입금지
7) 표준신호 준용

··· 05 동상현상

1. 동상원인(3요소)

1) 온도(0℃ 이하 지속)
2) Silt질 세립토
3) 모관수

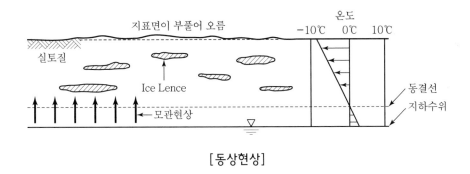

[동상현상]

2. 동상현상 발생 Mechanism

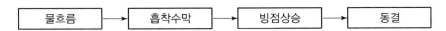

3. 동결일수와 동결지수

1) 일기온을 누계한 그림에서 동결일수와 동결지수 산정

2) 20년간 기상자료에서 추웠던 2년간 자료에 의함

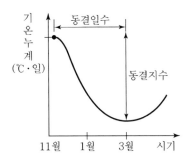

4. 동결깊이 산정방법

1) 설계동결지수(F)

$$F = 동결지수 + 0.5 \times 동결기간 \times \frac{현장지반고 - 측후소지반고}{100}$$

2) 동결깊이(Z)

$$Z = c\sqrt{F}$$

여기서, c : 설계동결지수에 따른 보정계수

··· 06 융해현상

1. 융해원인

1) 융해수 잔류
2) 지표수 침입
3) 지하수 상승
4) 실트질 존재

2. 문제점

1) 지반 강도 저하
2) 지반 침하
3) 지하매설물 손상

3. 안전대책

1) 배수층 설치
2) 지하수위 저하
3) 비동결성 재료 사용
4) 동상 방지
5) 구조물 동결심도 아래에 축조

··· 07 점성토와 사질토

1. 점성토의 성질

1) 침하

① 침하량 큼
② 압축성 큼
③ 침하속도 느림

2) 전단강도

　① 전단강도 작음

　② 지지력 작음

3) 투수

　① 투수계수 작음

　② 모관상승고 큼

4) 물리적 특성

　① 점착성 큼

　② 자연함수비 높음

　③ 액성한계, 소성지수 큼

　④ 함수비 변화에 따른 수축팽창이 큼

5) 시공성

　① Trafficability 확보가 어려움

　② 지하수위에서 작업성 떨어짐

　③ 성토체 다짐불량

2. 사질토의 성질

1) 침하

　① 침하량 적음

　② 압축성 작음

　③ 침하속도 빠름

2) 전단강도

　① 전단강도 큼

　② 지지력 큼

3) 투수

　① 투수계수 큼

　② 모관상승고 낮음

4) 물리적 특성

① 점착성 작음

② 자연함수비 낮음

③ 액성한계, 소성지수 작음

④ 함수비 변화에 따른 수축팽창 작음

5) 시공성

① Trafficability 확보 가능

② 지하수위에서 작업성 용이

③ 성토체 재료로 적합

··· 08 액상화 현상

1. 액상화 영향

1) 건축물·구조물의 부등침하

2) 매설물의 부상 및 횡방향 변위

3) 비탈면 붕괴 및 도로, 하천, 제방, 댐 붕괴

2. 액상화 원인

1) 진동

2) 지진

3) Quick Sand, Boiling, Piping

3. 액상화가 우려되는 지반조건

1) 입도 : 가늘고 균일한 모래질일수록

2) 상대 밀도 : 느슨할수록

3) 하중지속시간 : 퇴적연대가 짧을수록

4) 진동 : 정상 진동보다 여러 방향의 진동

4. 안전대책

1) 밀도를 증가시킴

① SCP(Sand Compaction Pile) 시공

② Vibroflotation공법 시공

③ 동다짐 공법 시공

④ 무리말뚝 시공

⑤ 표면다짐 시공

2) 입도개량

양질토로 치환

3) 고결공법

주입공법

4) 지하수위 저하

① Deep Well 공법

② Well Point 공법

5) 연직 배수공법 적용

6) Sheet Pile에 의한 차단벽 시공

···09 예민비와 Thixotropy 현상

1. 예민비

1) 정의

① 교란된 시료는 불교란시료에 비하여 전단강도가 저하되는데, 이때 교란시료와 불교란시료의 전단강도비

② 예민비 $= \dfrac{\text{불교란시료의 일축압축강도}}{\text{교란시료의 일축압축강도}}$

2) 예민비의 특징

① 예민비가 크면 토공재료로 부적당함
② 예민비가 큰 토질 : 세립자를 많이 함유한 토질, 유기질토
③ 점토지반은 지반을 교란하면 강도가 작아짐 : 전압다짐이 유리함
④ 사질토지반은 지반을 교란하면 강도가 커짐 : 진동다짐이 유리함

2. Thixotropy 현상

1) 정의

점토가 교란된 후 강도가 저하된 상태에서 시간이 경과함에 따라 강도가 회복되는 현상

2) 특성

① 물을 많이 흡수하여 팽창성이 큰 점토일수록 강함
② 활성도가 클수록 강함
③ 액성지수가 클수록 강함
④ 낮은 변형률에서 강함

3. 구조물에서의 예민비와 Thixotropy 현상

1) 말뚝기초를 항타 시공 시

① 말뚝 주변의 교란
② 말뚝 주변 점착력 및 선단지지력 저하
③ 일정시간 경과 시 점착력 및 지지력 회복

2) 재하시험 시 주의사항

말뚝시공 15일이 경과된 후 재하시험
실시

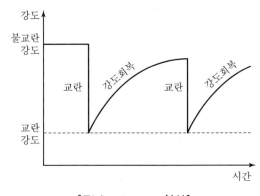

[Thixotropy 현상]

··· 10 흙의 연경도(Consistency, Atterberg Limit)

1. 개요

1) 세립토를 건조시켜 가면 액성, 소성, 반고체, 고체의 4단계를 거치면서 성상이 변화하는 현상

2) 이때 경계함수비인 액성한계, 소성한계 및 수축한계를 Atterberg 한계라고 함

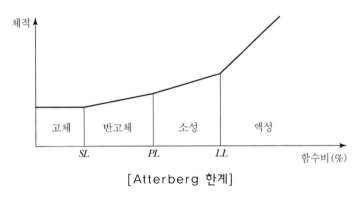

[Atterberg 한계]

2. 액성한계(LL : Liquid Limit)

1) 흙이 액성에서 소성으로 옮겨지는 경계의 함수비

2) 외력에 대한 전단저항력이 "0"이 되는 함수비

3. 소성한계(PL : Plastic Limit)

1) 흙이 소성에서 반고체상으로 옮겨지는 경계의 함수비

2) 소성상태를 갖는 최소 함수비

3) 소성상태 흙을 손으로 눌러 여러 모양을 만들 수 있는 상태

4. 수축한계(SL : Shrinkage Limit)

1) 흙이 반고체 상태에서 고체상으로 옮겨지는 경계의 함수비

2) 함수비가 변해도 체적변화가 발생되지 않는 시점의 함수비

5. 소성지수(PI : Plastic Index)

1) 흙이 소성상태로 존재할 수 있는 함수비의 범위

2) 소성지수(PI) = 액성한계(LL) − 소성한계(PL)

3) 소성지수가 큰 상태

　① 취급이 용이해 여러 모양을 만들 수 있는 상태
　② 소성상태가 될 수 있는 폭이 넓은 상태

4) 소성지수가 "0"인 상태

　모래와 같은 흙의 상태

5) 활용

　① 액성지수 산정 시 : 점토의 압밀상태 판단
　② 연경지수 산정 시 : 점토의 안정상태 판단

···11 다짐

1. 다짐 공법

1) 전압다짐 : 점성토 지반
2) 진동다짐 : 사질토 지반
3) 충격다짐 : 협소한 장소

2. 다짐 목적

1) 전단강도 크게
2) 변형 작게, 지지력 크게
3) 압축성 작게
4) 공극 작게
5) 투수성 작게

3. 도로 다짐 기준

1) 노체부

① 1층 다짐 완료 후 두께는 30cm 이하
② 각 층의 다짐도는 최대건조밀도의 90% 이상
③ 균일하게

2) 노상부

① 1층 다짐 완료 후 두께는 20cm 이하
② 각 층의 다짐도는 최대건조밀도의 95% 이상
③ 균일하게

4. 다짐 취약부

1) 구조물 접속부
2) 절성토 경계부(편절, 편성부)
3) 확폭부
4) 종방향 흙쌓기, 땅깎기 경계부
5) 연약지반부
6) 암성토부
7) 고함수비 점토부
8) 성토 비탈면
9) 유기질토, 부엽토 및 나무뿌리 등이 많은 곳

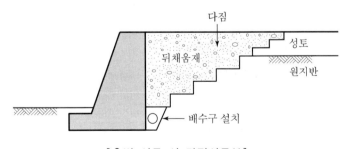

[옹벽 시공 시 다짐시공부]

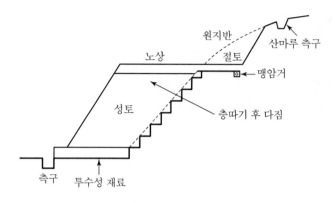

[절·성토 경계부]

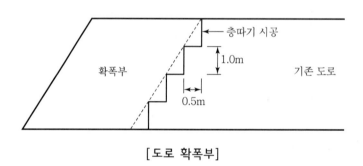

[도로 확폭부]

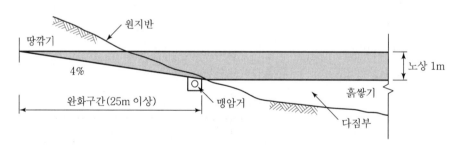

[종방향 흙쌓기·땅깎기 경계부]

[연약지반 위 성토]

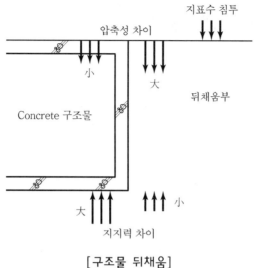

[구조물 뒤채움]

5. 다짐효과 증대방안

1) 최적함수비(OMC) 상태에서 다짐

2) 양질의 재료 사용

① 전단강도가 큰 흙

② 압축성이 적은 흙

③ 투수성이 적은 흙

④ Over Size가 없는 흙

⑤ 나무뿌리, 부엽토, 유기질이 없는 흙

3) 시험시공 후 다짐기준 결정

4) 토질에 맞는 다짐장비 선정

5) 층다짐(노상 : 20cm, 노체 : 30cm)

6) 다짐 에너지를 크게 해서 다짐

7) 다짐 취약부 품질관리

··· 12 지진피해와 예방대책

1. 지진 발생원인

1) 맨틀 위에 떠있는 여러 판이 서로 부딪칠 때 발생되는 충격파
2) 구조판 경계의 변형 및 단차에 의해 발생

2. 지진파

1) 진원과 진앙

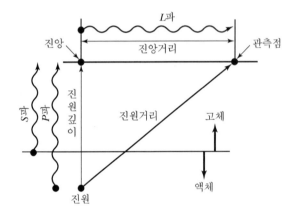

2) P파(Primary Wave)

  (1) 지구 내부의 액체, 고체를 모두 통과하는 파
  (2) 음파와 같이 진동하여 압축과 팽창이 교차하며 발생
  (3) 가장 빠른 속도로 지구 내부 통과

3) S파(Secondary Wave)

  (1) 지구 내부의 고체만 통과하는 파
  (2) 파동 진행방향에 수직방향으로 진동하는 횡파
  (3) 4km/sec의 속도로 전달됨

4) L파(Love Wave) : 표면파, 충격파

  (1) 지구의 표면을 따라 느리게 진행하는 파
  (2) P파와 S파에 의해 발생

(3) 3km/sec의 속도로 진행

(4) 파괴력이 가장 큰 파

3. 지진의 규모 및 영향

지진 규모	영향
리히터 규모 3.5 이하	민감한 동물이 느낌
리히터 규모 4.0	트럭이 지나가는 것 같은 진동
리히터 규모 5.0	진동을 느껴 자는 사람이 깸
리히터 규모 6.0	벽에 금이 가고 떨어짐
리히터 규모 7.0	집이 무너짐
리히터 규모 7.5	철도가 휘고, 많은 빌딩이 무너짐
리히터 규모 8.1 이상	완전히 파괴

4. 지진 피해

1) 사회 기반시설 파손

교량, 도로, 철도, 지하철, 항만, 발전소, 댐, 제방

2) 화재, 폭발

3) 지하매설관로 파괴

전기, 통신, 가스관로, 상수관로 파괴

4) 환경 파괴

5. 지진피해 방지대책

1) 건축구조물

① 건축물의 내진 설계 : 지반, 기초, 골조

② 기존 건물 내진 보강

2) 사회 간접시설

① 신규 설계 시 내진 설계 : 지반, 하부구조, 상부구조

② 기존 구조물 내진 보강

6. 내진 설계(보강) 방안

1) 강도 증대

(1) 휨 저항력 증대

(2) 벽체, 보 등 보강

2) 강성 증대

(1) 변형에 대한 저항력 증대

(2) 철골 구조 보강(시공)

3) 인성 증대

(1) 에너지 흡수력 증대

(2) 기둥부 철판보강

4) 혼합형

강도+강성, 강성+인성, 강도+인성

5) 기타

(1) 기초 저면 확대

(2) 튜브 SYSTEM 적용

(3) 상부 중량 저감

CHAPTER 02

지반보강

··· 01 연약지반

1. 판정기준

1) 점성토 N치 4 이하
2) 사질토 N치 10 이하
3) 유기질토 N치 6 이하

2. 연약지반의 문제점

1) 측방 유동에 의한 활동 파괴
2) 주변지반 융기
3) 지반 강도 저하
4) 성토 시 침하에 의한 성토량 증가
5) 침하에 의한 제체 상단폭이 좁아짐
6) 횡단구조물 침하
7) 도로 종단 침하
8) 장기침하에 의한 문제
9) 주변지반 변형에 따른 문제

3. 처리기준

회피 → 경량화 → 치환 → 개량

4. 연약지반 개량목적

1) 전단강도 및 지지력 증대
2) 부등침하 방지

3) 액상화 방지

4) 투수성 감소

5) 주변지반 안정성 유지

5. 점성토 지반 개량공법

1) 치환공법

① 굴착공법

② 미끄럼치환

③ 폭파치환

2) 압밀공법

① 선행재하공법(Preloading)

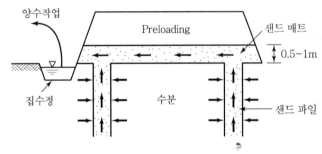

② 비탈면 사면 선단재하공법

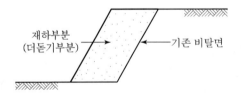

③ 압성토공법

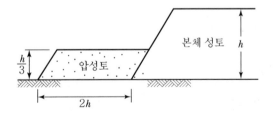

3) 탈수공법

① Sand Drain 공법 : 연약지반 내 모래말뚝 형성
② Paper Drain 공법 : Drain Board를 지층 내에 삽입하여 탈수
③ Pack Drain 공법 : Sand Pack을 지층 내에 삽입하여 탈수
④ PBD Drain 공법 : 다공질 Plastic Board를 삽입시켜 탈수

4) 배수공법

① Deep Well 공법
② Well Point 공법

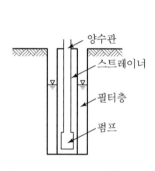

[Deep well 공법]

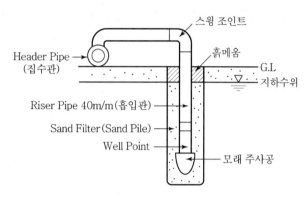

[Well Point 공법]

5) 고결공법

① 생석회 말뚝공법
② 동결공법
③ 소결공법

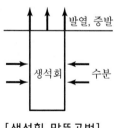

[생석회 말뚝공법]

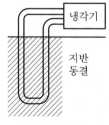

[동결공법]

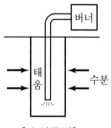

[소결공법]

6) 동치환공법

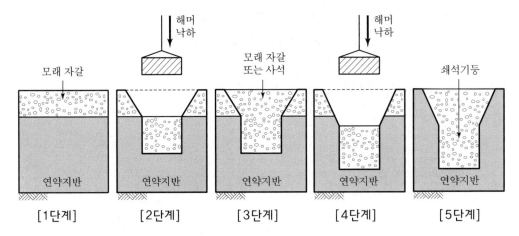

[1단계]	[2단계]	[3단계]	[4단계]	[5단계]

7) 전기침투공법

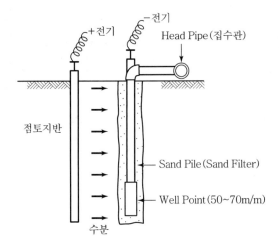

8) 침투압공법

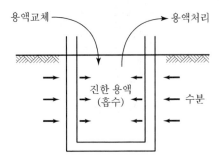

9) 대기압공법

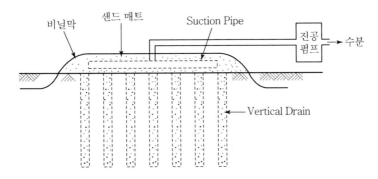

10) 표면처리공법

① 지표면을 자갈, 쇄석, 석회석, 시멘트로 처리

② 토목섬유공법

③ 대나무 매트공법

④ PTM 공법(Progressive Trench Method)

6. 사질토 지반 개량공법

1) 진동다짐공법

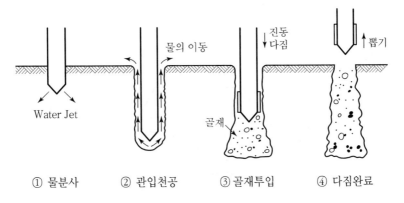

① 물분사   ② 관입천공   ③ 골재투입   ④ 다짐완료

2) 모래다짐 말뚝공법(Sand Compaction Pile)

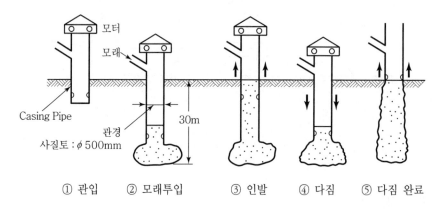

① 관입   ② 모래투입   ③ 인발   ④ 다짐   ⑤ 다짐 완료

3) Vibro Floatation 공법

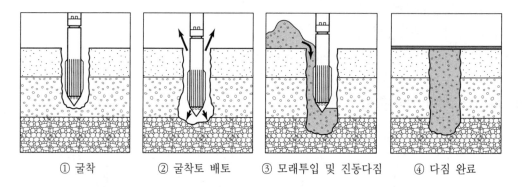

① 굴착   ② 굴착토 배토   ③ 모래투입 및 진동다짐   ④ 다짐 완료

4) 폭파다짐공법

5) 전기충격공법

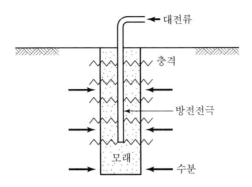

6) 약액주입공법

① 현탁액 : Asphalt, Bentonite

② 용액 : LW, SGR, SCW, JSP, MSG

7) 동다짐공법

7. 공법별 안전대책

1) 장비전도
2) 인원, 장비 매몰
3) 정밀시공
4) 구조물 부등침하
5) 터파기 사면안정
6) 기초안정

8. 계측관리(정보화 시공)

① 지중경사계
② 토압계
③ 간극수압계
④ 지표침하계
⑤ 지하수위계
⑥ 지중침하계
⑦ 층별침하계

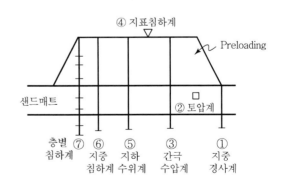

··· 02 지하수처리

1. 배수공법

1) 중력배수
2) 강제배수
3) 영구배수
4) 복수공법

2. 차수공법

1) 흙막이

① Steel Sheet Pile
② Slurry Wall

2) 고결

① 생석회 Pile 공법
② 동결공법
③ 소결공법

3) 약액주입

① 현탁액 : Asphalt, Bentonite
② 용액 : LW, 고분자계

CHAPTER 03 흙막이공

PROFESSIONAL ENGINEER CONSTRUCTION SAFETY

··· 01 굴착

1. 모양

1) 구덩이
2) 줄
3) 온통파기

2. 형식

1) Open Cut

　⑴ 전단면 굴착
　　① 경사 자립
　　② 흙막이
　⑵ 부분 굴착
　　① Island Cut
　　② Trench Cut

2) 역타공법

3) 수중굴착

　⑴ 물막이굴착
　⑵ 수중굴착

3. 흙막이 굴착 시 유의사항

1) 흙막이 강성 부족에 의한 변형으로 주변 지반 침하
2) 지보공 위치의 부적당함에 의한 굴착 곤란

3) 뒤채움 토사 부적합

4) 배면 배수불량에 의한 붕괴

5) 공벽 발생

6) 지하수위 저하로 주변 침하

··· 02 흙막이 공법

1. 흙막이 공법 선정 시 고려사항

1) 안정성 확인

2) 수밀성, 차수성

3) 시공성

4) 경제성

5) 환경공해(소음, 진동, 분진, 수질오염)

2. 지지방식에 의한 분류

1) 자립식

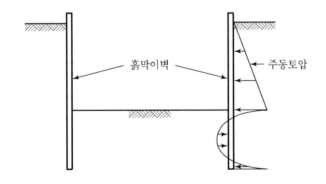

흙막이벽   주동토압

2) 버팀대식

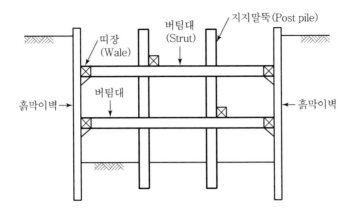

3) Earth Anchor

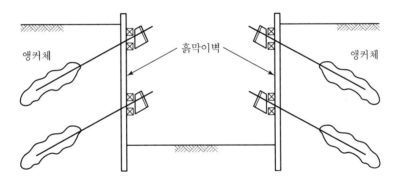

4) Soil Nailing

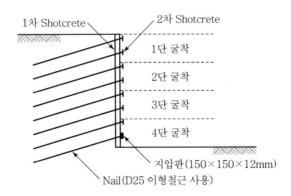

3. 구조방식에 의한 분류

1) 벽식 흙막이

(1) H Pile + 토류판

(2) Sheet Pile

(3) Slurry Wall

(4) Top Down

2) 주열식 흙막이

(1) S.C.W(Soil Cement Wall) 공법

(2) C.I.P(Cast In Place Pile) 공법

(3) M.I.P(Mixed In Place Pile) 공법

(4) P.I.P(Prepacked In Place Pile) 공법

(5) 강관 주열식 공법

3) 구체 흙막이 : Caisson

4. 벽식 지하연속벽 공법

1) Slurry Wall 공법

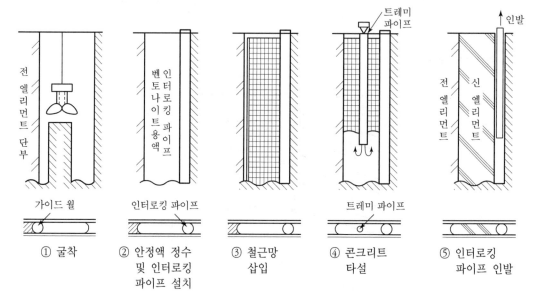

① 굴착 / ② 안정액 정수 및 인터로킹 파이프 설치 / ③ 철근망 삽입 / ④ 콘크리트 타설 / ⑤ 인터로킹 파이프 인발

2) Top Down 공법

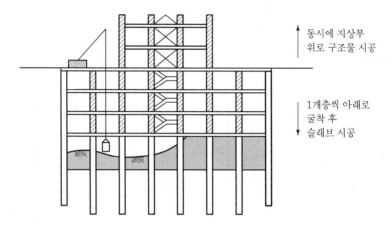

동시에 지상부
위로 구조물 시공

1개층씩 아래로
굴착 후
슬래브 시공

5. 주열식 지하연속벽 공법

1) S.C.W 공법(Soil Cement Wall)

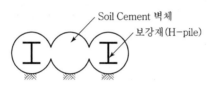

Soil Cement 벽체
보강재(H-pile)

2) C.I.P 공법(Cast In Place Pile)

Earth Auger로 천공	→	철근망 삽입	→	모르타르 주입관 설치	→
자갈충전	→	모르타르 주입			

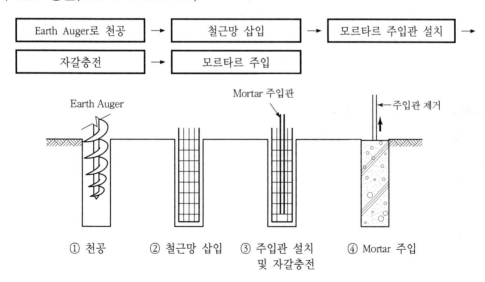

Earth Auger   Mortar 주입관   주입관 제거

① 천공   ② 철근망 삽입   ③ 주입관 설치   ④ Mortar 주입
                                및 자갈충전

3) M.I.P 공법(Mixed In Place Pile)

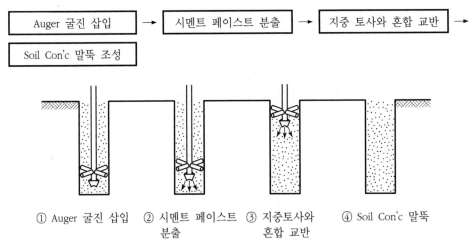

| Auger 굴진 삽입 | → | 시멘트 페이스트 분출 | → | 지중 토사와 혼합 교반 | → |

| Soil Con'c 말뚝 조성 |

① Auger 굴진 삽입   ② 시멘트 페이스트 분출   ③ 지중토사와 혼합 교반   ④ Soil Con'c 말뚝

4) P.I.P 공법(Prepacked In Place Pile)

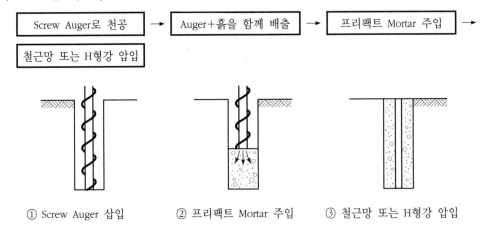

| Screw Auger로 천공 | → | Auger+흙을 함께 배출 | → | 프리팩트 Mortar 주입 | → |

| 철근망 또는 H형강 압입 |

① Screw Auger 삽입   ② 프리팩트 Mortar 주입   ③ 철근망 또는 H형강 압입

6. 흙막이 안정성 검토사항

1) 측압
2) 소단
3) Heaving
4) Boiling
5) 피압수
6) Piping

7. 흙막이 시공 시 유의사항

1) 충분한 근입장 확보

2) 접합부 보강에 유의

(1) Strut와 Wale 접합부

(2) 우각부

(3) 교차부 버팀대, 가새

3) 흙막이벽 부근 중량물 방치 금지

(1) 자재 야적 금지

(2) 대형차 통과 금지

(3) 펌프카, 레미콘차량 진입 금지

4) 인접 구조물 침하, 변형 방지

5) 지하매설관 보호

6) 뒤채움 철저

(1) 토류판 설치 시

(2) Post Pile 인발 후

7) 지하수처리 철저

(1) 흙막이 배면 : 강제배수, 차수, 지수

(2) 굴착 저면 : 중력배수

···03 흙막이 안정성 저하 원인 및 대책

1. 붕괴원인

1) 설계상

① 구조계산 오류

② 토질정수 산정 오류

③ 안전율 과소 반영

2) 시공상

① 부적합 자재 사용

② 시공순서 미준수

③ 버팀대 및 앵커재 시공시기 지연

④ 과굴착

⑤ 콘크리트 구조체 및 그라우팅재 양생기간 미준수

⑥ 계측관리 소홀

⑦ 지표수, 지하수 처리 소홀

⑧ 근입장 부족

⑨ 볼트 체결 누락 및 용접불량

⑩ 우각부 시공 불량

3) 여건상

① 지반상태의 설계조건과 상이함

② 지하수위 설계와 상이함

③ 가시설 주변의 중차량 진입

④ 가시설 주변의 철근, 철골, 시멘트 등 중량물 적치

2. 방지대책

1) 설계 시 구조 안정성 검토

2) 시공 시

① 부적합 자재 반입금지

② 시공순서 준수

③ 버팀 및 앵커재 적기 시공

④ 과굴착 금지

⑤ 콘크리트 구조체 및 그라우팅재 양생기간 준수

⑥ 계측관리 철저

⑦ 지표수, 지하수 처리기준 준수

⑧ 근입장 확대

⑨ 볼트 체결 및 용접 철저

⑩ 우각부 시공 철저

3) 현장관리

① 주변 구조물 계측 철저

② 주변 지하수위 유지

③ 가시설 주변에 중차량 진입 금지

④ 가시설 주변에 철근, 철골, 시멘트 등 중량물 적치 금지

··· 04 흙막이 배수 공법

1. 흙막이 지하수로 인한 문제점

1) 피압수에 의한 굴착지면 부풀음

2) 사질토의 Boiling, Quick Sand

3) 토류벽체부 Piping

4) 흙막이 변형

2. 배수 시 문제점

1) 지하수 고갈

2) 압밀침하

3) 구조물의 지지력 약화

4) 인접구조물 부등침하, 균열, 변형

5) 지하매설물 파손

3. 지하수 처리 공법

1) 중력배수

① 집수통

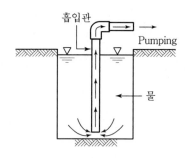

[집수통 공법]

② Deep Well

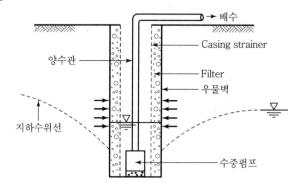

[Deep Well 공법]

2) 강제배수

① Well Point

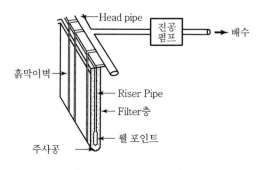

[Well Point 공법]

② 진공 Deep Welll

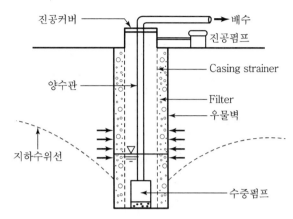

진공커버 — 배수
진공펌프
Casing strainer
양수관
Filter
우물벽
지하수위선
수중펌프

[진공 Deep Well 공법]

3) 복수 공법

① 주수 공법

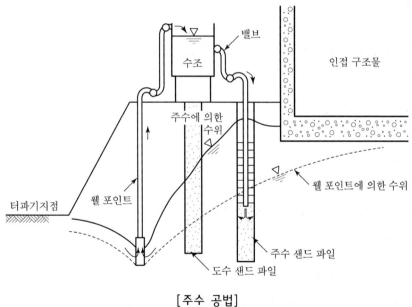

밸브
수조
인접 구조물
주수에 의한 수위
웰 포인트에 의한 수위
터파기지점
웰 포인트
주수 샌드 파일
도수 샌드 파일

[주수 공법]

② 담수 공법

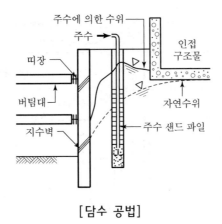

[담수 공법]

4) 영구배수

　① 유공관 설치

　② 배수관(판) 설치

　③ Drain Mat

4. 지하수 처리 시 안전대책(지하안전영향평가 포함)

1) 사전조사 철저

2) 흙막이 안정성 검토

　(1) 측압

　(2) 부력·양압력

　(3) Heaving

　(4) Boiling, Piping, 피압수에 의한 부풀음

3) 공법선택 신중

　수밀성, 강성, 시공성

4) 수위 저하로 인한 압밀침하 유의

5) 수질오염 방지

6) 뒤채움 재료는 투수성이 양호한 재료 사용

7) 계측관리

··· 05 흙막이 주변 침하 및 균열

1. 원인

1) Strut 시공불량
2) 측압을 견디지 못함
3) 뒤채움 불량
4) 배수처리 불량
5) 지표면 과재하
6) 지표수 침투
7) Boiling
8) Heaving
9) Piping
10) 피압수
11) 터파기 시 소단 없앰

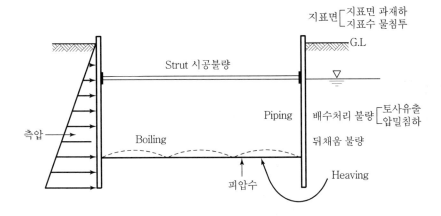

2. 안전대책

1) 사전조사
2) 적정 공법 선정
3) 주변 지하수위 유지
4) 근입장 관리
5) 흙막이벽 안정성 검토
6) 흙막이 부재 강도유지
7) 약액주입공법
8) 주변건물 기초침하 방지
9) Strut 단면검토
10) 지표수 침투 방지
11) 뒤채움 철저
12) Strut Preloading
13) Post Pile 인발 후 Grouting
14) 계측관리

··· 06 Underpining 공법

1. 바로받이 공법

1) 철골조나 자중이 비교적 가벼운 구조물에 적용
2) 기존 기초 하부를 바로 받칠 수 있도록 신설기초 설치

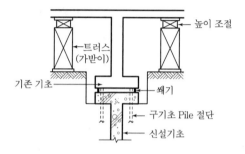

2. 보받이 공법

1) 기초 하부를 보받이하는 신설보 설치

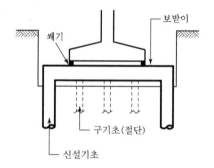

3. 바닥판받이 공법

가받이 쐐기로 기존 건축물을 받친 후 신설 기초로 받치는 공법

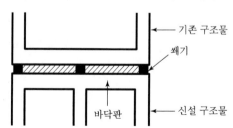

··· 07 계측관리

1. 계측 목적

   1) 지반거동의 사전파악

   2) 지보재 지보효과 확인

   3) 구조물 안정성 확인

   4) 주변 구조물 안전

   5) 자료축적 및 미래 예측

2. 계측기 종류

   1) 건물균열계   2) 표면경사계

   3) 지중경사계   4) 지중침하계

   5) 하중계   6) 변형계

   7) 지하수위계   8) 간극수압계

   9) 토압계   10) 지표침하계

 11) 소음측정기   12) 진동측정기

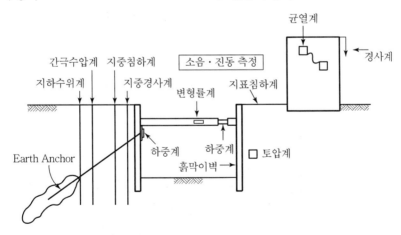

3. 계측위치 선정 시 고려사항

   1) 지반조건이 충분히 파악된 곳

   2) 토류 구조물을 대표할 수 있는 곳

3) 주요 구조물이 인접한 곳

4) 교통량이 많은 곳

5) 지하수위가 높은 곳

6) 계측기가 가장 오래 남아 있을 곳

··· 08 근접시공 및 건설공해

1. 근접시공

1) 침하 및 균열   2) 계측

3) 지하수 대책   4) 건설공해

5) 조망권   6) 일조권

7) 배수   8) 접근로

2. 건설공해

1) 소음   2) 진동

3) 분진   4) 장비 배출 매연

5) 교통장해   6) 정신 불안

7) 지반 침하   8) 지반 균열

9) 건물 균열   10) 지하수 오염

11) 지하수 고갈

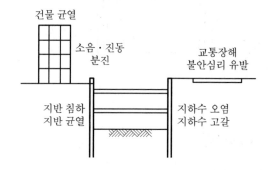

CHAPTER 04 기초공

⋯ 01 얕은 기초

1) 독립기초
2) 복합기초
3) 연속기초(줄기초)
4) 전면기초(온통기초)

⋯ 02 깊은 기초

1. 말뚝기초

1) 기성 말뚝

① 나무 말뚝

② 콘크리트 말뚝

③ 강 말뚝

④ 합성 말뚝

2) 현장 타설 말뚝

① All Casing 공법(Benoto 공법)

② Reverse Cerculation 공법

③ Earth Drill 공법

④ C.I.P

⑤ M.I.P

⑥ P.I.P

3) Caisson 기초

① Open Caisson(우물통)

② Pneumatic Caisson(공기압)

③ Box Caisson(설치)

4) 특수기초

① 팽이말뚝

② JSP 말뚝

③ Sheet Pile 말뚝

2. 현장 타설 말뚝

1) All Casing 공법(Benoto 공법)

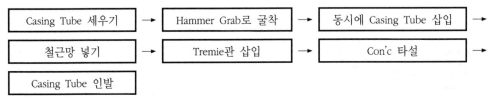

| Casing Tube 세우기 | → | Hammer Grab로 굴착 | → | 동시에 Casing Tube 삽입 | → |
| 철근망 넣기 | → | Tremie관 삽입 | → | Con'c 타설 | → |
| Casing Tube 인발 |

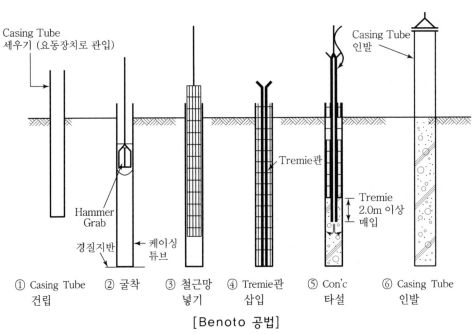

[Benoto 공법]

2) Reverse Cerculation Drill 공법

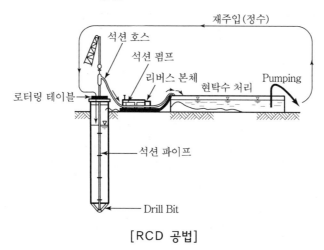

[RCD 공법]

3) Earth Drill 공법

굴착	→	표층 Casing Pipe 삽입 및 안정액 주입	→	Slime 제거	→
철근망 넣기	→	Tremie관 삽입	→	Con'c 타설	→
표층 Casing 인발					

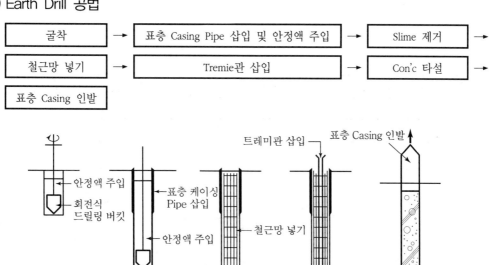

① 굴착   ② Casing Pipe 삽입 및 안정액 주입   ③ 철근망 넣기   ④ Tremie관 삽입   ⑤ 표층 Casing 인발

[Earth Drill 공법]

4) 공법 비교

구분	All Casing	R.C.D	Earth Drill
공벽유지	전 길이 Casing	표층부 Casing	표층부 Casing
굴착장비	Hammer Grab	RCD 장비의 Drill Bit	회전버킷
굴착방법	충격식	갈아서 흡입	단부 회전
경사굴착	12도까지 가능	일부 가능	불가
수상시공	불리	유리	불리
Con'c 타설	트레미	트레미	트레미
Pile 길이	20~40m	30m 이상	25m 이하
Pile 직경	800~1,500mm	1,200mm	1,200mm

3. 케이슨 기초

1) Open Caisson

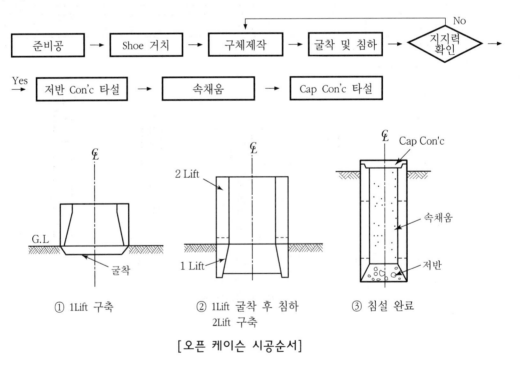

[오픈 케이슨 시공순서]

2) Pneumatic Caisson

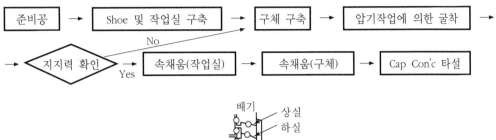

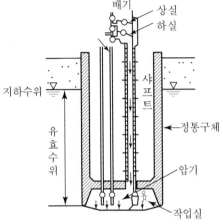

[Pneumatic Caisson]

3) Box Caisson

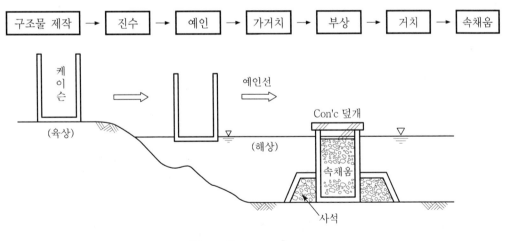

[Box Caisson]

··· 03 박기

1) 타격공법

    (1) Drop Hammer

    (2) Steam Hammer

    (3) Diesel Hammer

    (4) 유압 Hammer

2) 진동공법(Vibro Hammer)

3) 압입공법

4) Water Jet 공법

5) Preboring 공법

6) 중굴(中堀)공법

··· 04 이음

1) 장부식(Band식)
2) 충전식
3) Bolt식
4) 용접식

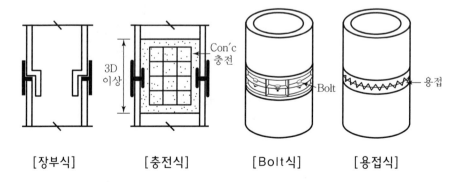

[장부식]   [충전식]   [Bolt식]   [용접식]

··· 05 지지력

1) 말뚝재하시험

　(1) 정재하 시험 : 실하중의 2.5배를 직접 재하하여 침하량 측정

　(2) 동재하 시험 : 항타 시 파일(변형률계, 가속도계 부착)에 발생하는 응력과 속도 분석

2) 시험말뚝 박기

3) 소리, 진동으로 확인

4) Rebound Check

··· 06 공해대책

1) 저소음 대책(공법, 장비)

2) 저진동 대책(공법, 장비)

3) 수질, 토양오염 방지대책

··· 07 말뚝 시공 시 유의사항

1. 공법별 공통사항

1) 말뚝 본체 불량 및 손상(장비 선정 오류, 지중 장애물)

2) 시공불능(지층 판정 오류, 공벽 붕괴)

3) 지지력 부족, 부등침하

4) 경사, 편심

5) 지반 구조물의 변형

6) 공벽 안정 유지

7) 지중 장애물 저촉

2. 운반 저장 시 유의사항

1) 말뚝 제작 후 최소 14일 이내 운반 금지
2) 말뚝 받침은 동일 선상에 설치
3) 저장 장소는 지반이 견고한 지반에 할 것
4) 저장은 2단 이하로 종류별로 야적
5) 말뚝 견인 시 2줄걸이, $\frac{1}{5}l$ 지점에 결속

3. 항타 시 주의사항

1) 말뚝 두부 손상

   (1) 좌굴
   (2) 종방향 크랙
   (3) 뒤틀림

2) 말뚝 몸체 손상

   (1) 뒤틀림
   (2) 찌그러짐
   (3) 만곡

3) 말뚝 파괴

4) 말뚝 선단부 손상

5) 말뚝위치 확인

6) 말뚝박기 순서 : 중앙부 → 가장자리

7) 최종관입량 확인

8) 항타허용 오차

   (1) 위치허용 말뚝직경의 $\frac{1}{10}$ 미만

   (2) 수직허용 경사도는 $\frac{1}{50}$ 이하

··· 08 말뚝 두부 파손 원인 및 대책

1. 파손 형태

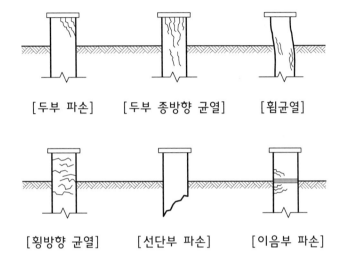

[두부 파손]   [두부 종방향 균열]   [휨균열]

[횡방향 균열]   [선단부 파손]   [이음부 파손]

2. 파손 원인

1) 두부 파손

(1) 장비 정비 불량

(2) 쿠션재 편마모, 편타

(3) 타격 횟수 과다, 큰 해머 사용

2) 중간부 파손

(1) 지반 견고

(2) 지층 불규칙

3) 선단부 파손

(1) 지지층 경사

(2) 전석층 존재

(3) 해머 과대 및 과대 타격

3. 파손 방지 대책

1) 두부 파손

   (1) 쿠션재 자주 교체
   (2) 항타 중 경사 측정
   (3) 타격 횟수관리
   (4) 적정 해머 사용

2) 중간부 파손

   (1) 지지층에 도달 시까지 적은 타격력으로 항타
   (2) 쿠션재 두꺼운 것 사용

3) 선단부 파손

   (1) Pencil Shoe를 Flat Shoe로 교체
   (2) Pre-boring
   (3) 적정 해머 사용
   (4) 타격횟수 관리

··· 09 부마찰력 / 구조물 부상 / 부등침하

1. 부마찰력

1) 파일의 마찰력

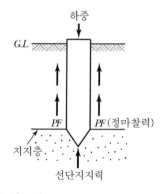

[정마찰력(Positive Friction)]

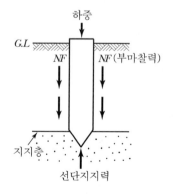

[부마찰력(Negative Friction)]

2) 부마찰력 문제점

(1) 지반침하

(2) 구조물 균열

(3) Pile 지지력 감소

(4) Pile 파손

3) 부마찰력 발생원인

(1) 연약층 위에 새로운 상재 하중 재하 시

(2) 성토 자중에 의한 압밀 발생 시

(3) 항타에 의한 압밀 발생 시

(4) 지하수위 저하에 의한 압밀 시

(5) 말뚝 주변에 큰 변위 발생 시

4) 부마찰력 방지대책

(1) 말뚝의 지지력 증가방법

　① 선단면적 증대

　② 재질 변경

　③ 근입 깊이 증대

　④ 말뚝 본수 증대

(2) 부마찰력 감소방법

　① 아스팔트, 역청재 도포

　② 이중관 말뚝, 테이퍼 말뚝, 매입 말뚝 사용

　③ 표면적이 작은 말뚝

(3) 설계에 의한 방법

　① 군말뚝 설계

　② 선단 지지말뚝 설계

2. 구조물 부상 방지대책

1) 구조물 Rock Anchor

2) Bracket 설치

3) 2중 Mat기초 슬래브 시공

4) 마찰말뚝 기초 시공

5) 강제 배수(De-watering)

6) 자중 증대

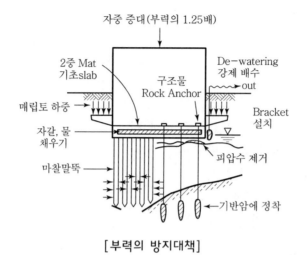

[부력의 방지대책]

3. 구조물 부등침하 원인과 대책

1) 부등침하로 인한 문제점

(1) 지반의 침하

(2) 상부 구조물의 균열

(3) 구조물의 누수

(4) 구조물의 내구성 저하

2) 부등침하 원인

(1) 지반

① 연약한 지반 위 시공

② 연약층 지반두께 상이

③ 이질 지반 위 기초 시공

④ 기초하부 지하매설물 또는 동공 존재 시

⑤ 경사지반에 기초시공

(2) 기초

① 서로 다른 기초 복합시공

② 기초 인접부에서 터파기 시

(3) 기타

    ① 지하수위 변화

    ② 부주의한 증축

3) 부등침하 방지대책

(1) 연약지반에 대한 대책

치환공법, 재하공법, 혼합공법, 탈수공법, 진동다짐압입공법, 고결안정공법, 전기화학고결공법, 배수공법

(2) 기초구조에 대한 대책

    ① 경질지반에 고결

    ② 마찰말뚝으로 지지

    ③ 이질지반에 복합기초 시공

    ④ 지하실을 설치하여 굳은 지반에 시공

(3) 상부구조물 대책

    ① 경량화

    ② 평면길이 단축

    ③ 구조물 강성 증대

    ④ 건물 증축 시 하중 고려

    ⑤ 건물 전체 중량배분 고려

사면안정

··· 01 사면의 종류 및 파괴형태

1. 토사사면

1) 무한사면 : 직선활동에 의한 평면파괴

2) 유한사면

   (1) 저부 파괴

   (2) 사면 선단 파괴

   (3) 사면 내 파괴

3) 직립사면 : 붕락

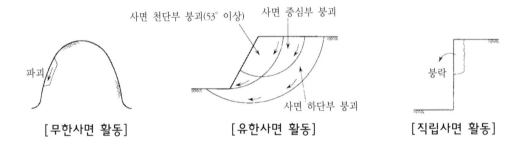

[무한사면 활동]　　　　[유한사면 활동]　　　　[직립사면 활동]

2. 암반사면

   1) 원형 파괴

   2) 평면 파괴

   3) 쐐기 파괴

   4) 전도 파괴

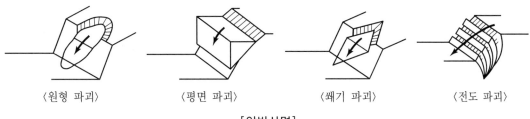

〈원형 파괴〉 〈평면 파괴〉 〈쐐기 파괴〉 〈전도 파괴〉

[암반사면]

3. Land Creep과 Land Sliding

1) Land Creep

(1) 개요

자연사면이 중력에 의하여 비교적 완만하게 낮은 곳으로 넓은 면적의 사면이 붕괴되는 현상

(2) 방지대책

① 활동면 선단에 옹벽 시공

② 활동면에 억지말뚝 시공

③ 침식방지용 수제 및 호안의 설치

④ 지표수 침투방지 배수로 설치

⑤ 지하수 배수를 위해 배수로 설치

⑥ 상부토 제거 후 경량재 치환

2) Land Sliding

(1) 개요

역학적으로 불안정한 상태의 사면이 호우나 지진 등의 영향으로 강도가 저하되어 붕괴되는 현상

(2) 방지대책

① 지표수 배수처리 철저

② 층이 얇은 곳은 말뚝 박기

③ 모래 사면 : 밀도 크게

④ 연약한 점토 사면 : 지하수 배수, 탈수

⑤ 단단한 점토 : 경사 완화

3) Land Creep과 Land Sliding 비교

구분	Land Creep	Land Sliding
원인	강우, 융설, 지하수위 상승	호우, 융설, 지진
발생시기	강우 후 일정시간 경과 후	호우 중
지질	점성토, 연질암	사질토
지형	완경사 지역	경사 가파른 곳
발생속도	느리고 연속적임	빠르고 순간적임
규모	대규모	부분적

··· 02 사면의 붕괴원인

1) 절리
2) 세굴
3) 인근 공사장 진동
4) 기울기
5) 다짐 불량
6) 지표수 침투
7) 지하수 용출
8) 풍화 정도
9) 토질 불량

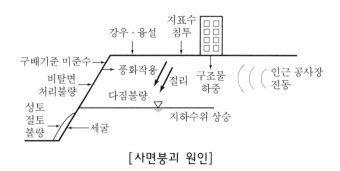

[사면붕괴 원인]

··· 03 사면의 안전대책

1. 사면 안정성 검토방법

1) 한계평형 해석법

   힘의 평형에 의한 해석방법

2) 한계 해석법

   소성법에 의한 해석방법

3) 수치 해석법

   복잡한 사면의 해석방법

2. 시공 시 안전대책

1) 사면 기울기 준수
2) 과굴착 금지
3) 선균열 발파
4) 무진동 발파
5) 선단부 배수처리

3. 설계상 안전대책

1) 식생 보호공

2) 구조물 보호공

3) 영구 대책공

   ① 지표수 배제공법
   ② 지하수 배제공법
   ③ 비탈면 구배 수정
   ④ 안정처리 흙에 의한 원형 복구
   ⑤ 비탈면 보호공
   ⑥ 말뚝공법
   ⑦ Anchor 공법

⑧ 옹벽시공

⑨ 절토공법

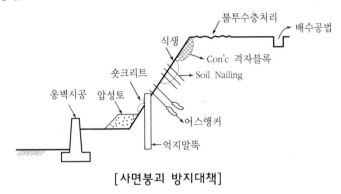

[사면붕괴 방지대책]

4. 응급대책

1) 배토

2) 압성토

3) 응급 배수공

4) 흙막이 마대 쌓기

5. 비탈면 보호공

1) 식생에 의한 보호공

① 종자뿜기 공법

② 식생매트 공법

③ 떼붙임공

2) 구조물에 의한 보호공

① Shotcrete 공법

② Block 공법

③ 돌쌓기 공법

④ 돌망태 공법

⑤ 철책공

⑥ Rock Anchor, Rock Bolt, FRP 보강그라우팅 공법

⑦ Soil Nailing 공법

··· 04 산사태 원인 및 대책

1. 산사태 원인

1) 집중호우
2) 지진
3) 산림 훼손
4) 벌목 미복구
5) 산불
6) 토석류

2. 산사태 대책

1) 사면보호공
2) 사면보강공
3) 토류지 설치
4) 인공시설물 금지
5) 시설물 일정거리 격리
6) 도수로 설치

··· 05 사면안정계측

1. 원상태 측정

1) 경사계
2) 지하수위계
3) 절토면 관찰

2. 굴착 중 계측

1) 지표 변위 측량
2) 사면 균열 측정

3) 사면 기울기 측정

4) 지중 수평변위 측정

5) 지중 수직변위 측정

6) 지하수위 측정

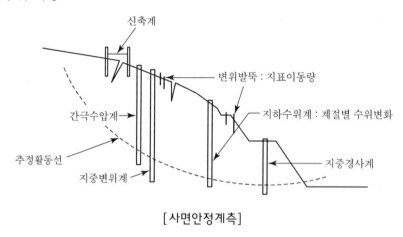

[사면안정계측]

··· 06 절토

1. 암질 판별

1) RQD(Rock Quality Designation : 암반지수)

$$RQD = \frac{10cm \text{ 이상인 Core 길이(회수암석의 길이)의 합계}}{\text{총시추길이(보링공의 길이)}} \times 100\%$$

[RQD에 따른 암질 상태]

RQD	암질 상태
0~25	매우 나쁨
25~50	나쁨
50~75	보통
75~90	양호
90~100	매우 양호

2) RMR(Rock Mass Rating : 암반등급)

[평가점수에 의한 암반등급 분류(5등급)]

평가점수	81 < RMR < 100 (81~100)	61 < RMR < 80 (61~80)	41 < RMR < 60 (41~60)	21 < RMR < 40 (21~40)	RMR < 20 (20 이하)
일반등급	I	II	III	IV	V
암반상태	매우 양호	양호	보통	불량	매우 불량

3) 일축압축강도 : kg/cm²

4) 탄성파 속도 : m/sec

5) 진동값 속도 : cm/sec = kine

2. 발파공법

1) Bench Cut

2) Controlled Blasting

　(1) Line Drilling Method

　(2) Cushion Blasting

　(3) Smooth Blasting

　(4) Pre-Splitting Blasting

3) 수중 발파

4) 터널 심빼기 발파

3. 발파작업 시 안전대책

1) 발파 전

　(1) 점화작업 근로자 외 대피

　(2) 전 근로자 및 장비 운전원 대피

　(3) 도화선 연결 불량 여부 확인

　(4) 천공부 밀봉 여부 확인

　(5) 잔류화약 수거 후 보관장소에 반납

(6) 점화자와 발파장과의 안전 이격거리 준수 여부 확인

(7) 주변 지역 주민, 근로자 대피 신호 사이렌 가동

2) 발파 후 점검

(1) 발파 모선을 발파기에서 제거

(2) 발파 후 접근시간

① 지발뇌관 발파 시 5분 이상 경과 후 접근

② 그 밖의 발파 시 15분 이상 경과 후 접근

③ 대 발파 시 30분 이상 경과 후 접근

(3) 불발 장약 유무 확인

(4) 용수 유무 확인

(5) 부석, 낙석 위험 여부 점검

(6) 도화선 잔재 확인

··· 07 지하매설물 안전관리

1. 지하매설물의 종류

1) 가스관(도시가스, LNG) 2) 상수도관

3) 하수도관 4) 전기관로

5) 통신관로 6) 송유관로

7) 지역난방관로 8) 유선방송관로

2. LNG관

1) 설계기준

(1) 미국, 일본 등과 동등 이상 기준

(2) 관내 압력 : 70kg/cm²(주배관) ※외압은 내압에 비해서 적음

(3) 두께 : 지역의 중요도에 따라서 3등급으로 분류(16.7mm, 13.3mm, 11.1mm)

(※ 관의 압력에 대해 안전율을 1.6~2.5배 고려)

(4) 관보호 : 외부에 폴리에틸렌 3.5mm

(5) 피복 : 전기방식

(6) 내용연수 : 약 30년(감가상각연수 10년)

(7) 시공 : 도로를 따라서 매설(관 1개당 길이 12m, 연결은 용접, 외부로부터 보호하기 위해 보호용 철판 설치)

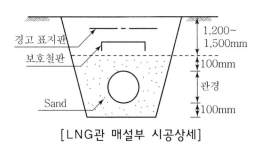

[LNG관 매설부 시공상세]

2) 안전관리 대책

(1) 검사주기

① 자체검사 : 6개월마다 한국가스안전공사 등 검사기관이 실시

② 정기검사 : 1년마다 한국가스안전공사 등 검사기관이 실시

(2) 안전관리자 자격

산업안전보건법에 의함(책임자로 가스기사 1급 1인과, 1일 공급량에 따라 관리원 5~10인)

3) 안전교육

시 · 도지사가 교육 실시(신규종사자 : 연 1회, 기존종사자 : 2년 1회)

3. 상수도관

1) 설계기준

내압으로써 수압 및 충격압, 외압으로써 차량하중과 토압을 고려 결정-관의 외압이 최대 10kg/cm²임

2) 관보호

부식두께 2mm를 추가 고려하며, 부식 방지를 위해 전기방식 또는 강관콘크리트 보호공 설치

3) 내용연수 : 40년

4) 시공

관 연장은 관종에 따라 4~6m 이내, 연결방법도 현장용접, 플랜지 접합, 메커니컬 접
합방식

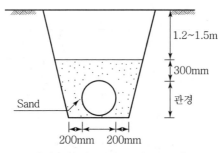

[상수도관 매설부 시공상세]

4. 하수도관

1) 설계기준

대부분 외압만 고려(특별한 경우 압력관 사용)

2) 외압에 견딜 수 있는 흄관, 철근콘크리트, P.C관 등 사용

① 흄관 : 30~103mm

② 철근콘크리트 : 50~125mm

③ P.C관 : 2.6~21.5mm

3) 내용연수 : 50년 이상

옹벽

··· 01 콘크리트 옹벽

1. 콘크리트 옹벽 종류

1) 중력식
2) 반중력식
3) 역T형식
4) 부벽식
5) L형식

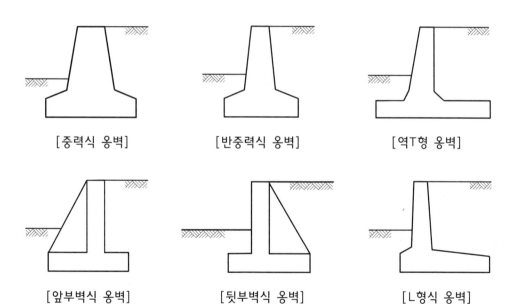

[중력식 옹벽]　　　[반중력식 옹벽]　　　[역T형 옹벽]

[앞부벽식 옹벽]　　　[뒷부벽식 옹벽]　　　[L형식 옹벽]

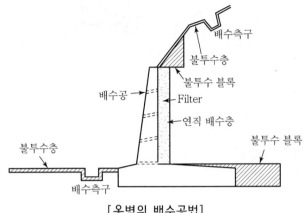

[옹벽의 배수공법]

2. 옹벽에 작용하는 토압

1) 주동토압
2) 수동토압
3) 정지토압

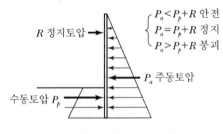

$$P_a < P_p + R \text{ 안전}$$
$$P_a = P_p + R \text{ 정지}$$
$$P_a > P_p + R \text{ 붕괴}$$

[옹벽에 작용하는 토압]

3. 옹벽의 3대 안정성 검토

1) 활동
2) 전도
3) 침하

4. 옹벽 시공 시 유의사항

1) 배수공 설치 주의

(1) 배수 Pipe

(2) 배수층 자재

(3) 필터재

2) 표면배수 처리

(1) 상단 배수로

(2) 상부 불투수층 시공

3) 전면 배수로 설치

4) 뒤채움재는 투수성이 양호한 것

5) 신축이음 시공(10~15m 간격)

6) 기초지반 지지력 확보

(1) 성토부 다짐 철저

(2) 절토부 연약지반 치환

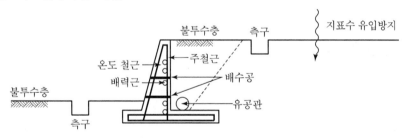

5. 옹벽 파손원인

1) 지반 마찰력 감소

2) 높이 과다

3) 상재 과다 하중

4) 뒷굽길이 부족

5) 연약지반 개량 미실시

6) 저판면적 부족

7) 배면 토압 증가

6. 안전대책

1) 활동에 대한 대책

(1) Shear Key 설치

(2) 말뚝기초 시공

(3) 기초 근입깊이 확대

2) 전도에 대한 대책

(1) 높이 축소

(2) 뒷굽길이 확장

(3) Counter Weight 설치

(4) Anchor 시공

3) 침하에 대한 대책

(1) 저판면적 넓게

(2) 연약지반 개량

(3) 보강 Grouting

··· 02 보강토 옹벽

1. 공법원리

1) 점착력 없는 토립자＋보강재

2) 겉보기 점착력으로 자립

2. 보강토 옹벽의 종류

1) Pannel식

2) Block식

3. 구성요소(4요소)

1) Skin Plate(전면판)
2) Strip Bar(보강재)
3) Tie(연결재)
4) 뒤채움재

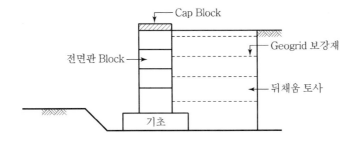

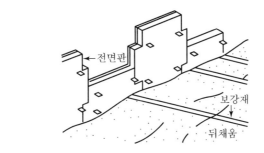

4. 특징

1) 장점

(1) 기초처리의 단순화
(2) 공기단축 가능
(3) 진동, 지진에 대한 안정성
(4) 미관이 수려
(5) 배수관리가 수월
(6) 용지폭 최소로 경제적

2) 단점

(1) 연직도 확보
(2) 낮은 옹벽구간(7m 이하)에서는 비경제적

(3) Strip의 내구성 문제

(4) 연직 수평 줄눈재 없음

5. 파괴형태

1) 전도

2) 바닥면 Sliding

3) 기초지반 파괴

4) 벽면 Slip

5) 보강재 파단

6) 전단 파괴

6. 안전대책

1) 기초의 정밀 시공

2) 수직도 관리

3) 층다짐 철저

4) 연결재 시공 철저

5) 양질토 사용

6) 배수공법 적용

PART

04

철근콘크리트공사

1장 일반사항
2장 거푸집 / 동바리
3장 철근공사
4장 콘크리트공사
5장 균열 / 열화

CHAPTER 01 일반사항

··· 01 재료 및 보관

1. 거푸집 및 동바리

2. 철근

3. 콘크리트

1) 물

(1) 염분 0.04% 이하

(2) pH 6~8

2) 시멘트

(1) 포틀랜드시멘트(보통시멘트)

(2) 백색시멘트

(3) 특수시멘트(알루미나, 초속경, 팽창, 컬러)

(4) 혼합시멘트

① 고로시멘트(보통시멘트+고로 Slag)

② Silica 시멘트(보통시멘트+Pozzolan재)

③ Fly Ash 시멘트(보통+Fly Ash)

3) 골재

(1) 굵은골재

(2) 잔골재(0.08~5mm 체)

4) 혼화재료(시멘트중량의 5% 기준)

(1) 혼화재 : 팽창재, 착색재, 포졸란, 고로 Slag, Fly Ash

(2) 혼화제 : 유동화제, AE제, 경화조절제, 방수제, 방청제

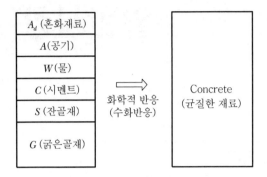

4. 재료 보관

1) 시멘트 보관 시 유의사항

    (1) 지면 30cm 이상

    (2) 13포 이내, 장기간 보관 시 7포 이내

    (3) 방습설비

    (4) 통풍이 되지 않도록

    (5) 선입선출

    (6) 창고보관

2) 철근 보관 시 유의사항

    (1) 지면 30cm 이상

    (2) 같은 규격별 구분

    (3) 붕괴 우려 지점 피하기

        ① 과적재 금지

        ② 선입선출

        ③ 노천보관 금지

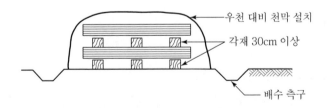

··· 02 시험

1. 타설 전 시험

1) 물 : 염분, pH
2) 시멘트 : 분말도, 안정성, 시료채취, 비중, 강도, 응결, 수화열
3) 골재 : 혼탁비색, 간극률, 체가름, 마모, 강도, 흡수율

2. 타설 중 현장시험

1) Slump
2) 공기량
3) 염화물

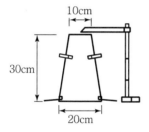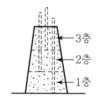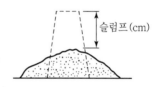

[Slump Test]

3. 타설 후 시험

1) 압축강도 시험

2) Core 채취 후 파괴시험

3) 비파괴시험

   ① 슈미트해머
   ② 방사선
   ③ 초음파
   ④ 진동
   ⑤ 인발
   ⑥ 철근탐사

··· 03 배합설계

1. 목적

1) 강도
2) 내구성
3) 수밀성
4) Workability

Air (3~6%)
W (16~22%)
C (9~15%)
S (20~30%)
G (35~48%)

경제적 ⟹
W/C 적게 배합

강도
내구성
수밀성
Workability

2. 배합설계의 종류

1) 시방배합
2) 현장배합
3) 중량배합
4) 용적배합

3. 시방배합의 현장배합 수정 필요성

1) 골재 입도와 시방의 상이함

현장에는 굵은골재와 잔골재가 섞여 있음

2) 골재의 함수상태 상이함

현장에서 이론상의 표면건조상태 지속 유지 불가

4. 시방배합과 현장배합의 차이

구분	시방배합	현장배합
굵은골재	5mm 이상	5mm 이하 몇 % 포함
잔골재	5mm 미만	5mm 이상 몇 % 포함
골재 합수상태	표면건조 포화상태	습윤 기건상태
골재 계량	질량 표시	질량 또는 용적 표시
단위량 표시	1m^3	1Batch

5. 배합설계 원리

1) 굵은골재 최대화

2) W/C 최소화

3) 단위수량 최소화

6. 배합설계 순서 F/C

1) 설계기준강도 확인

2) 배합강도 결정(설계강도의 1.15~1.2배)

3) 시멘트 강도 확인

4) 물결합재비(W/B) 산출

5) 굵은골재 최대치수 결정

6) 잔골재율 결정

7) 단위수량 결정

8) 시방배합의 산정

9) 현장배합표 작성

10) 시방배합을 현장배합으로 수정

   (1) 입도에 의한 조정

   (2) 표면수에 의한 조정

     ① 1m³당 재료 배합량 산정

     ② 1Batch 생산 시 배합량 산정(1Batch＝3m³)

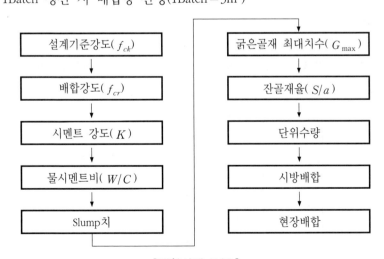

[배합설계 F/C]

거푸집 / 동바리

··· 01 거푸집 / 동바리 설계 시 고려사항

1. 연직하중

W = 고정하중 + 충격하중 + 작업하중

2. 수평하중

1) 작업 시 진동, 충격   2) 풍압, 유수압, 지진

3. Con'c 측압

1) 측정방법

수압판, 측압계, OK식 측압계, 조임철물

2) 측압 증가 요인

① 시멘트 : 부배합, 응결속도 低
② 철근(골) : 少
③ 거푸집 : 표면 평활도, 단면치수 大, 수밀성 양호
④ 콘크리트 : 슬럼프값 大, Workability 大, 타설속도 大, 타설높이 高, 다짐 多
⑤ 기타 : 외기온도 低

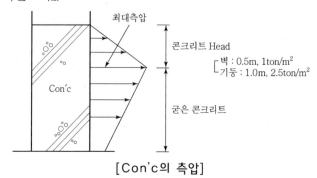

[Con'c의 측압]

···02 거푸집 재료 선정 시 고려사항

1) 강도   2) 강성

3) 내구성   4) 작업성

5) 경제성   6) Con'c

···03 거푸집의 종류

1. 일반 거푸집

1) 목재   2) 철재

3) FRP   4) 알루미늄

2. System Form 분류

1) 벽체

① Gang Form(Pannel Form) : 멍에, 장선 일체화

② Climbing Form : 연속 타설에 의한 Joint 없음

- Sliding Form : 단면 변화가 없는 구조물
- Slip Form : 단면형상의 변화가 있는 구조물

2) 슬래브

① Table(Flying) Form

② Waffle Form

③ Deck Plate Form

3) 바닥+벽

① Tunnel Form

② Travelling Form

⋯ 04 System 동바리

1. 구조 및 명칭

주요 구성부 : 수직재, 수평재, 가새, 링, 연결핀, 잭베이스, 유헤드

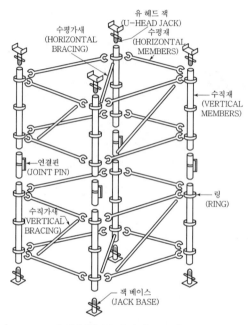

유 헤드 잭
(U-HEAD JACK)
수평재
(HORIZONTAL MEMBERS)
수평가새
(HORIZONTAL BRACING)
수직재
(VERTICAL MEMBERS)
연결핀
(JOINT PIN)
링
(RING)
수직가새
(VERTICAL BRACING)
잭 베이스
(JACK BASE)

[시스템 동바리의 구조]

2. 작업순서 및 단계별 관리사항

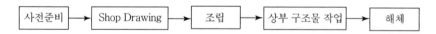

| 사전준비 | → | Shop Drawing | → | 조립 | → | 상부 구조물 작업 | → | 해체 |

1) 사전준비 : 가설재 반입검사

2) Shop Drawing : 구조 검토 및 공작도 작성

3) 조립 : 부재긴압, 침하, 좌굴, 휨, 변형 방지

4) 상부 구조물 작업 : 임의해체 금지 및 콘크리트 존치기간 준수

5) 해체 : 해체기준의 준수

3. 설치기준

1) 설치높이는 단변길이의 3배 미만으로 하며 초과될 경우 벽체지지 또는 별도의 버팀 대를 설치할 것
2) Jack Base의 전체 길이는 600mm 이하로 하며, 수직재와의 겹침부는 150mm 이상으로 할 것
3) 수직재 설치 시 수평재 간 연결부위는 2개소 이하로 할 것
4) U−head 폭은 멍에 2개 이상의 넓이로 하며 조립 시 멍에재와 U−head 간의 유격이 없도록 할 것
5) 구조도에 의한 조립기준을 준수할 것
6) 수직재와 수평재는 90°로 하며 흔들리지 않도록 견고하게 고정할 것
7) 부재의 재료는 가설기자재 성능검정품 또는 KS 제품을 사용할 것

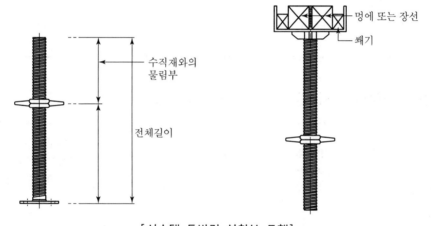

[시스템 동바리 설치부 도해]

··· 05 거푸집 존치기간

가설공사표준시방서(2023.1.31. 시행), 콘크리트시방서에 따라 콘크리트 타설 후 소요강
도 확보 시까지 외력 또는 자중에 영향이 없도록 거푸집 존치

1. 압축강도 시험을 할 경우

부재		콘크리트의 압축강도(f_{ck})
기초, 보, 기둥, 벽 등의 측면		• 5MPa 이상 • 내구성이 중요한 구조물인 경우 : 10MPa 이상
슬래브 및 보의 밑면 아치 내면	단층구조인 경우	f_{ck}의 2/3 이상(단, 14MPa 이상)
	다층구조인 경우	f_{ck} 이상(필러 동바리 구조를 이용할 경우는 구조계산에 의해 존치기간을 단축할 수 있음. 단, 이 경우라도 최소강도는 14MPa 이상)

2. 압축강도 시험을 하지 않을 경우(기초, 보, 기둥, 벽 등의 측면)

시멘트의 종류 평균기온	조강 포틀랜드 시멘트	보통포틀랜드 시멘트 고로슬래그 시멘트(1종) 포틀랜드포졸란 시멘트(A종) 플라이애시 시멘트(1종)	고로슬래그 시멘트(2종) 포틀랜드포졸란 시멘트(B종) 플라이애시 시멘트(2종)
20℃ 이상	2일	4일	5일
10℃ 이상 20℃ 미만	3일	6일	8일

3. 거푸집 존치기간의 영향 요인

1) 시멘트의 종류
2) 콘크리트의 배합기준
3) 구조물의 규모와 종류
4) 부재의 종류 및 크기
5) 부재가 받는 하중
6) 콘크리트 내부온도와 표면온도

4. 해체작업 시 유의사항

1) Slab, 보 밑면은 100% 해체하지 않고, Filler 처리함

2) 중앙부를 먼저 해체하고 단부 해체

3) 다중 슬래브인 경우 아래 2개 층 이상 Filler 처리한 동바리를 존치할 것

··· 06 거푸집 / 동바리 붕괴원인과 방지대책

1. 붕괴원인

1) 재료 불량

2) 설치 불량

3) 구조검토 미흡

4) Con'c 타설방법 불량

2. 방지대책

1) 거푸집 / 동바리 구조검토 순서 F/C

하중계산 → 응력계산 → 단면계산

2) 시공 시 유의사항

① 거푸집 수밀성, 강도 확보

② 거푸집 볼트 Sepa, Tie Bolt 사용

③ 전용 핀 연결

④ 전용 클램프로 연결

⑤ 전도 방지

⑥ 높이 3.5m 이상 시 2m마다 수평연결재 설치

⑦ Support 단부 경사 시 쐐기목

⑧ 동바리 수직도 유지

⑨ 동바리 검정품 사용

⑩ 박리제 코팅 철저

⑪ 콘크리트 타설순서 준수

⑫ 급속타설 금지

··· 07 거푸집 동바리 설계 시 고려해야 할 하중과 구조검토사항

1. 개요

콘크리트공사표준안전작업지침에 의한 거푸집 동바리 설계 시 고려해야 할 하중과 구조 검토사항으로는 연직하중과 수평하중을 비롯해 응력·처짐 검토, 표준조립상세도가 포함되어야 한다.

2. 거푸집 동바리 설계 시 고려해야 할 하중(콘크리트공사표준안전작업지침 제4조)

1) 연직방향 하중

콘크리트 타설높이와 관계없이 최소 $5kN/m^2$ 이상

① 고정하중 : 철근콘크리트(보통 $24kN/m^3$), 거푸집(최소 $0.4kN/m^2$)

② 활하중 : 작업하중(작업원, 경장비하중, 충격하중, 자재·공구 등 시공하중)

2) 횡방향 하중

① 작업할 때의 진동, 충격, 시공오차 등에 기인되는 횡방향 하중 이외에 필요에 따라 풍압, 유수압, 지진 등

② MAX(고정하중의 2%, 수평방향 $1.5kN/m$)

③ 벽체거푸집의 경우, 거푸집 측면은 $0.5kN/m^2$ 이상

3) 콘크리트의 측압

굳지 않은 콘크리트 측압, 타설속도·타설높이에 따라 변화

4) 특수하중

① 시공 중에 예상되는 특수한 하중

② 편심하중, 크레인 등 장비하중, 외부 진동다짐 영향, 콘크리트 내부 매설물의 양압력

5) 그 밖에 수직하중, 수평하중, 측압, 특수하중에 안전율을 고려한 하중

3. 거푸집 및 동바리 설계기준에 따른 분류

1) 연직하중

2) 수평하중

3) 콘크리트 측압
4) 풍하중
   ① 풍하중 $P = C \times q \times A$
   ② 풍하중(kgf) = 풍력계수×설계속도압(kgf/m²)×유효풍압면적(m²)
5) 특수하중

4. 구조검토사항

1) 하중검토 : 작용하는 모든 하중검토
2) 응력·처짐 검토 : 부재(거푸집널, 장선, 멍에, 동바리)별 응력과 처짐검토
3) 단면검토 : 부재 응력·처짐 고려 적정 단면검토
4) 표준조립상세도 : 부재의 재질, 간격, 접합방법, 연결철물 등 기재한 상세도

··· 08 거푸집 측압

1. 개요

콘크리트 타설 시 거푸집에는 수평압이 작용하며, 1종 시멘트, 단위중량 24kN/m³, 슬럼프 100mm 이하, 내부 진동다짐, 혼화제를 감안하지 않는 경우 아래 산정식에 의해 산정한다.

2. 측압의 증가요인

1) 경화속도가 늦을수록(기온, 습도, Concrete 온도의 영향을 받음)
2) 타설 속도가 빠를수록
3) 슬럼프가 클수록
4) 다짐이 많을수록

3. 타설방법에 따른 측압의 변화

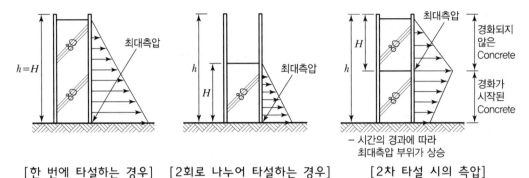

[한 번에 타설하는 경우]　　[2회로 나누어 타설하는 경우]　　[2차 타설 시의 측압]

4. 측압 산정식

구분		콘크리트 측압 P(kN/m²)
일반 콘크리트		$P = W \cdot H$
기둥		$P = 7.2 + \dfrac{790R}{T+18} \leq 23.5H$ (30kN/m² $\leq P \leq$ 150kN/m²)
벽	$R \leq 2.1$	$P = 7.2 + \dfrac{790R}{T+18} \leq 23.5H$ (30kN/m² $\leq P \leq$ 100kN/m²)
	$2.1 < R \leq 3.0$	$P = 7.2 + \dfrac{1,160 + 240R}{T+18} \leq 23.5H$ (30kN/m² $\leq P \leq$ 100kN/m²)

※ 콘크리트 측압 산정식에서

　W : Concrete 단위중량(kN/m³), H : Concrete 타설 높이(m)

　R : Concrete 타설 속도(m/hr)≤9m/hr, T : 타설되는 Concrete 온도(℃)

5. 측정방법

1) 수압판에 의한 방법

수압판을 거푸집면의 바로 아래에 대고 탄성변형에 의한 측압을 측정하는 방법

2) 측압계를 이용하는 방법

수압판에 Strain Gauge(변형률계)를 설치해 탄성 변형량을 측정하는 방법

3) 조임철물 변형에 의한 방법

조임철물에 Strain Gauge를 부착시켜 응력변화를 측정하는 방법

4) OK식 측압계

조임철물의 본체에 유압잭을 장착하여 인장의 변화를 측정하는 방법

철근공사

··· 01 철근재료의 구비조건

1) 부착강도가 클 것
2) 강도와 항복점이 클 것
3) 연성이 크고, 가공이 쉬울 것
4) 부식 저항이 클 것
5) 용접이 잘될 것

··· 02 철근의 분류

1. 슬래브

1) 주(主)철근 : 정(正)철근, 부(負)철근
2) 부(副)철근 : 띠철근, 배력근
3) 온도철근

2. 보

1) 주철근
2) 전단철근
3) Stirrup(늑근)

3. 기둥

1) 주철근
2) Hoop(띠철근)

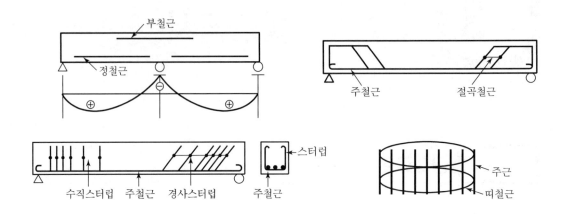

··· 03 철근의 이음 및 정착

1. 이음위치

1) 응력이 작은 곳
2) 보 : 압축응력 발생부
3) 기둥 : 슬래브 50cm 위, 3/4H 이하

2. 이음공법

1) 겹침
2) 용접
3) Gas 압접
4) Sleeve Joint
5) Sleeve 충진
6) 나사이음
7) Cad 용접
8) G-loc Splice

[겹침이음]

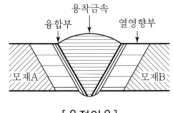

[용접이음]

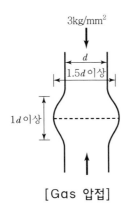

[Gas 압접]

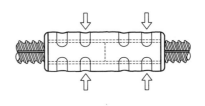

[Sleeve Joint]

3. 정착위치

1) 기둥주근 : 기초
2) 벽주근 : 보, 바닥판, 기둥
3) 보주근 : 기둥
4) 작은 보주근 : 큰 보
5) 바닥근 : 벽, 보

··· 04 철근조립

1. 피복두께 및 목적

1) 내구성 확보
2) 내화성 확보
3) 철근 부착력 확보
4) 시공성 확보

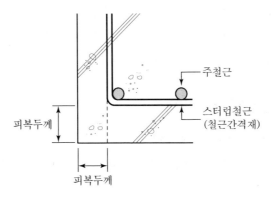

[철근의 피복두께]

··· 05 철근공사 시 안전작업지침

1. 철근 반입 시 안전대책

1) 지게차 운전원 자격 여부 사전확인
2) 인양 및 하역 장소의 주변 구조물과 일정간격을 두어 철근이 부딪히지 않도록 하고 유도자 배치
3) 적재용 받침대는 철근무게를 충분히 견딜 수 있는 강도를 갖출 것
4) 지게차 후면부에는 경광등·후진경보장치 부착 및 후진 시 근로자 접근 금지
5) 안전모, 안전화 등 개인보호구 착용
6) 적재 시 견고하고 평탄한 지반에 적재
7) 지게차로 하역 시 철근 중심부에서 정확히 인양하고 근로자 접근 금지
8) 지게차 사용 시 유도자 배치 및 근로자 접근 통제

2. 철근 가공작업 시 안전대책

1) 작업장에서 넘어짐, 미끄러짐 등의 위험이 없도록 작업장 바닥을 안전하고 청결한 상태로 유지
2) 가공장 주변에 울타리 설치
3) 가공 시 절단기·절곡기 외함 접지
4) 풋 스위치 오조작 예방을 위한 덮개 등의 방호조치 실시
5) 기계·기구 및 설비의 외함은 접지선을 추가 배선하여 외함에 견고하게 고정
6) 가공기 전원 측에 누전차단기 부착 연결
7) 절연열화로 인한 감전예방을 위해 배선의 절연저항 주기적 측정 및 관리
8) 철근 적재 시 무너져 내리지 않도록 안전되게 적재 및 받침목 수평으로 설치
9) 가공 및 운반작업 중 안전모, 안전화 등 개인보호구 착용

3. 철근 운반 및 인양작업 안전대책

1) 인양 시 2줄걸이로 결속하고 수평인양
2) 안전장치(과부하방지장치, 권과방지장치, 훅해지장치)의 정상상태 유지 및 점검
3) 정격하중 표지판 부착 등 정격하중 초과적재 금지

4) 지게차 안전작업계획서 작성 및 계획서의 준수를 위한 운전자 및 근로자 교육

5) 지게차 운행속도 지정 및 근로자 이동과 구분된 전용통로 확보

6) 유자격자를 전담 지정하여 운전

7) 지게차 작업 전 헤드가드, 백레스트, 전조등, 후미등 설치·부착·작동상태 확인 및 운전원의 안전벨트 착용

8) 작업 전 관리감독자에 의한 안전점검 실시

9) 적재하중 준수 및 시야확보

10) 지게차 작업반경 출입제한 및 작업 공간확보

11) 시동키 분리 및 별도 보관으로 무자격자에 의한 운전사고 예방

12) 인양로프는 철근 중량을 충분히 견딜 만한 견고한 로프 사용

13) 작업 전 와이어로프 등 줄걸이 마모 및 손상 여부 점검

14) 인양, 운반 시 유도자 배치로 작업통제 실시

4. 조립작업 안전대책

1) 작업발판 설치 시 이동식 비계에 작업발판 설치

2) 조립 중이나 조립 후 철근이 넘어지지 않도록 넘어짐 방지조치

3) 가스 압접기 사용 시 보호장갑 착용 및 안전작업절차 준수

4) 상부철근 조립 시 이동식 비계와 작업발판 설치

5) 배근작업 시 관리감독자를 배치하여 근로자 접근 통제

6) 이동식 비계 사용 시 승강시설 설치

7) 이동식 비계의 작업발판 단부에 안전난간대 설치

8) 가스 압접작업 시 안전작업 절차준수로 끼임 방지

9) 작업장소의 상황, 순서방법 등이 포함된 작업계획 작성

10) 작업시작 전 비상정지장치, 리미트 등 안전장치 기능확인 및 바스켓 부딪힘·끼임 방지용 방호가드 설치 확인

CHAPTER 04

콘크리트공사

··· 01 콘크리트의 요구조건

1) 강도발현
2) 작업성
3) 균질성
4) 내구성
5) 수밀성
6) 경제성

··· 02 콘크리트공사 시공단계별 준수사항

1. 시공순서 F/C

계량 → 비빔 → 운반 → 타설 → 다짐 → 이음 → 양생

2. 운반 시 준수사항

1) 운반장비 종류

① 운반차(Agitator, 레미콘 차량)

② Bucket

③ Con'c Pump Car

④ Con'c Placer

⑤ Belt Conveyer

⑥ Chute

2) 운반시간(비비기~치기)

① 외기 25℃ 이상 시 1.5시간 이내

② 외기 25℃ 이하 시 2.0시간 이내

3. 타설 시 준수사항

1) 낙하높이 1.5m 이하 유지
2) Cold Joint 유의
3) 타설속도 준수
4) 타설순서 준수

4. 다짐 시 준수사항

1) 간격 60cm 이내
2) 연직 유지
3) 천천히 인발
4) 상·하층 Over Lap
5) 철근에 닿지 않게
6) 예비 진동봉 준비

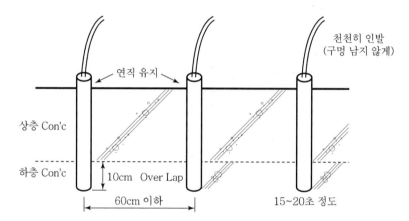

5. 이음 시 준수사항

1) 이음의 종류

① 신축이음(Expantion Joint, Isolation Joint, 분리줄눈)

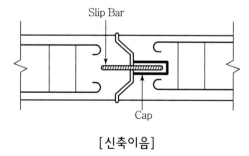

[신축이음]

② 수축이음(수축줄눈, 균열유발줄눈, 조절줄눈, Contration Joint, Control Joint)

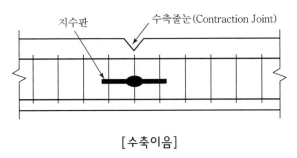

[수축이음]

③ 시공이음(Construction Joint)

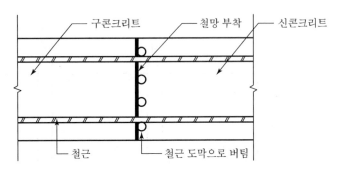

[시공이음부 상세도]

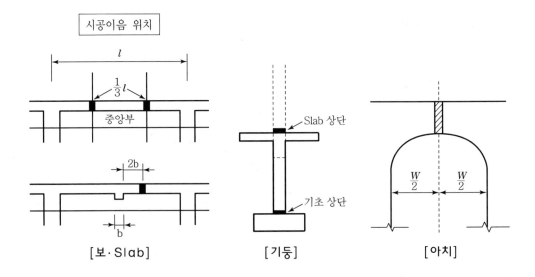

④ Cold Joint

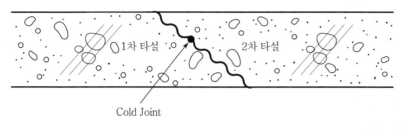

[Cold Joint]

⑤ Delay Joint(지연줄눈)

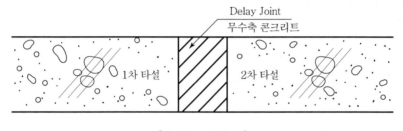

[Delay Joint]

2) 이음 시 준수사항

① 이음 위치 및 폭 준수

② 절단 시기 및 간격 준수

③ 구조적 및 기능적 검토 후 설치

④ 미관이 불량하지 않도록 설치

⑤ 줄눈부 줄눈재 채움

⑥ 시공이음면 레이턴스 제거, 습윤, 신구 접착제 도포 후 시공

⑦ 이음부 수밀성 확보

6. 양생 시 준수사항

1) 양생의 종류

① 습윤양생

살수 / 담수 / 부직포 / 모래

② 피막양생

합성수지계 / 수지계

③ 온도제어 양생

- Precooling
- Pipe Cooling
- 증기양생
- 단열양생

2) 양생 불량 시 문제점

① 겨울철 시공 시 동해

② 여름철 시공 시 소성수축균열, 침하균열

③ 수화촉진 및 건조수축균열 발생

④ 수화작용 지연으로 강도발현 지연

⑤ 균열, 누수, 철근부식으로 내구성 저하

⑥ 강도저하 및 수밀성 저하

3) 양생 시 준수사항

① 초기 양생 철저(타설 후 최소 7일까지)

② 직사광선, 바람, 서리, 비 등에 직접 노출 방지

③ 겨울철·여름철 타설 시 적정 양생공법 적용

④ 경화 중 충분한 습도 유지

⑤ 양생 완료 시까지 충격, 재하 금지

⑥ 균열, 누수, 철근부식으로 내구성 저하

··· 03 콘크리트의 성질

1. 굳지 않은 콘크리트 성질

1) 성질

① 작업성(Workability)

② 반죽질기(유동성, Consistancy)

③ 성형성(점성, Plasticity)

④ 마무리 용이성(Finishability)

⑤ 이송성(압송성, Pumpability)

⑥ 다짐성(Compactability)

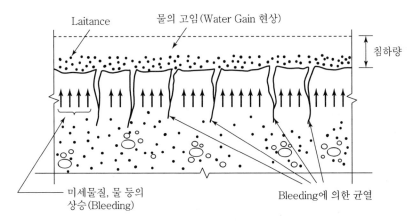

[굳지 않은 콘크리트의 문제발생 유형]

2) Workability

① Workability 불량 시 콘크리트에 미치는 문제점
- 작업능률 저하
- 재료분리
- Cold Joint 발생
- 콘크리트의 강도, 내구성 저하
- 콘크리트의 수밀성, 내화학성 저하

② 증진대책
- 단위수량 적게
- 단위시멘트양 적지 않게
- 굵은골재로 강자갈 사용
- 잔골재에 미립분이 적지 않게
- AE제 감수제 사용
- W/C비 가능한 적게

2. 굳은 콘크리트 성질

1) 성질

① 강도   ② 내구성

③ 내화성   ④ 수밀성

⑤ Creep 변형   ⑥ 탄성 변형

⑦ 체적 변화

2) 강도의 종류

① 정적 강도 : 압축강도, 인장강도, 휨강도, 전단강도, 부착강도

② 동적 강도 : 피로강도, 충격강도

3. Creep 변형

1) 하중의 증가 없이 시간 경과에 따라 변형이 증가되는 현상

2) Creep가 콘크리트에 미치는 영향

① 콘크리트의 변형   ② 콘크리트의 처짐

③ 콘크리트의 균열 증대   ④ 콘크리트의 파괴

⑤ Prestress의 감소

3) Creep 변형과 탄성 변형

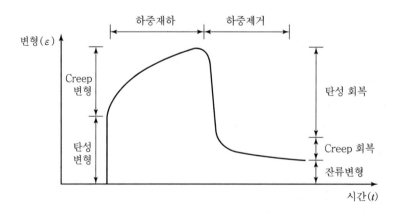

4) Creep 파괴

① 변천 Creep(1차 Creep) : 변형속도가 시간이 지나면서 감소
② 정상 Creep(2차 Creep) : 변형속도가 일정하거나 최소로 변형
③ 가속 Creep(3차 Creep) : 변형속도가 점차 증가하여 파괴

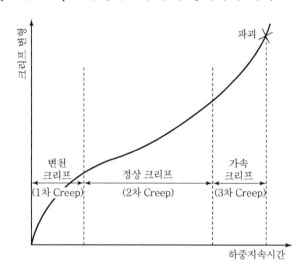

··· 04 콘크리트 펌프카 타설 시 안전대책

1. 전도 및 충돌 예방

1) 지반의 부등침하 방지를 위해 견고한 지반에 장비 설치
2) 충분한 강도와 접지면을 확보한 철판을 지면에 깔고 그 위에 장비 설치
3) 앤드호스 길이 초과 사용 금지, 펌프카를 크레인 대용으로 화물 양중에 사용 금지

2. 낙하 예방

붐 하부에서 수리·점검작업 등 수행 시 안전블록 또는 안전지주를 설치하는 등 방호조치 실시

3. 협착 예방

1) 작업 전에 펌프카 아우트리거 받침 부분에 지반다짐 실시
2) 펌프카의 주 용도 외 사용을 엄격히 제한

4. 감전 예방

1) 충전전로 인근 사용 시 감시인을 배치하고 전선로 등으로부터 충분한 이격거리 확보
2) 필요시 절연용 방호구를 설치하거나 전선을 이설

5. 사용 전 점검

1) 사용하는 기계의 종류 및 능력, 운행경로, 작업방법 등의 작업계획 수립
2) 작업 시작 전 브레이크, 클러치 등의 기능 점검
3) 작업구역 내 고압선, 수도배관, 가스배관, 케이블 등의 위치 확인
4) 운전석 내부를 청결히 하고 발판과 손잡이는 미끄러지지 않도록 조치
5) 유도자 배치 및 장비별 특성에 따른 일정한 표준방법 지정

··· 05 방사선 차폐용 콘크리트

1. 정의

생물체의 방호를 위하여 X선, γ선 및 중성자선을 차폐할 목적으로 사용되는 콘크리트

2. 사용재료

1) 시멘트

내황산염 시멘트(5종), 고로 시멘트, Fly Ash 시멘트

2) 골재

콘크리트 밀도가 2,300kg/m³ 이상인 바라이트, 자철강, 적철강 등 중량골재 사용

3) 혼화제

고성능 감수제, Fly Ash, 철분

3. 방사선 차폐용 콘크리트의 조건

1) 밀도가 커야 함
2) 압축강도가 커야 함
3) 설계허용온도가 커야 함
4) 결합수량이 많은 골재 사용
5) 붕소량이 많은 골재 사용

4. 배합설계 시 고려사항

1) 사전에 시험 비빔을 실시하여 차폐 설계조건에 맞는지 확인
2) 슬럼프치는 15cm 이하
3) 단면형상이 복잡하거나, 철근이 조밀하게 배근된 경우 시험타설 실시
4) Workability 개선을 위한 혼화제 사용 시 차폐성능이 있는 것 사용

5. 시공 시 주의사항

1) 차폐용 콘크리트 생산 전용 저장설비와 B/P설비를 갖춘 레미콘 공장이 있어야 함
2) 차폐용 골재와 보통골재가 혼입되지 않도록 저장 및 관리
3) 설계에 정해져 있지 않은 이어치기 시행 불가
4) 추가 이어치기 필요시 위치 및 형상을 설계한 후 시공

균열 / 열화

··· 01 균열

1. 균열피해

1) 강도 저하
2) 내구성 저하
3) 수밀성 저하
4) 철근부식

2. 균열의 종류 및 원인

1) 굳지 않은 콘크리트 균열

① 소성수축 : 수분증발이 Bleeding보다 빠를 경우
② 콘크리트 침하 : W/B 과다, 피복두께 얇음, 다짐 부족
③ 콘크리트 수화열 : Mass Con'c 타설
④ 거푸집 변형 및 동바리 침하 : 설치 잘못, 지반 침하
⑤ 진동 및 충격하중 : 주변 차량·철도 운행, 항타, 발파

2) 굳은 콘크리트 균열

① 건조수축 : 콘크리트 건조 시 시멘트 수축응력 구속
② 온도수축 : 콘크리트 내외부 온도 차이
③ 동결융해 : 겨울철 초기 양생 시 영하기온 노출
④ 중성화
⑤ 알칼리 골재반응
⑥ 염해
⑦ 설계 오류에 의한 단면 및 철근 과소

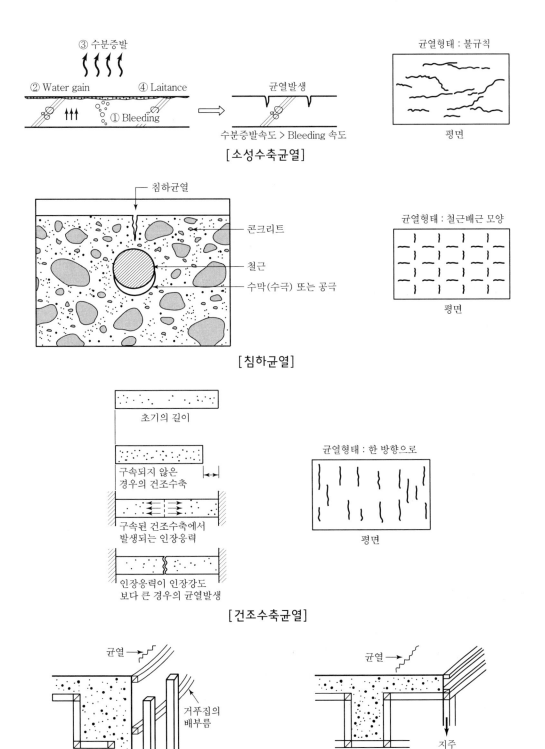

③ 수분증발

② Water gain   ④ Laitance

① Bleeding

균열발생

수분증발속도 > Bleeding 속도

[소성수축균열]

균열형태 : 불규칙

평면

침하균열

콘크리트

철근

수막(수극) 또는 공극

[침하균열]

균열형태 : 철근배근 모양

평면

초기의 길이

구속되지 않은
경우의 건조수축

구속된 건조수축에서
발생되는 인장응력

인장응력이 인장강도
보다 큰 경우의 균열발생

[건조수축균열]

균열형태 : 한 방향으로

평면

균열

거푸집의
배부름

[거푸집의 변형에 따른 균열]

균열

지주

[지주의 침하에 의한 균열]

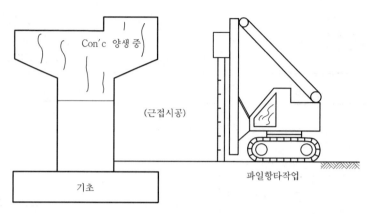

[진동·충격에 의한 균열]

3. 균열의 분류(크기) 및 허용균열 폭

1) 균열의 분류

① 미세균열(0.1mm 미만)

② 중간균열(0.1~0.7mm 미만)

③ 대형균열(0.7mm 이상)

2) 허용균열 폭

구분	건조환경	습윤환경	부식성 환경	고부식성 환경
건축물	0.4mm	0.3mm	0.004 t_c	0.0035 t_c
기타 구조물	0.006 t_c	0.005 t_c		

4. 균열 측정

① 육안검사 : Crack Gauge, 루페

② 비파괴검사 : 초음파법, X선 투과법, γ선 투과법, 자기법

③ Core검사 : Core채취검사(결함상태, 크기, 깊이, 압축강도)

④ 설계도면 및 시공자료 검토 : 사용재료 확인, 철근도면, 하중비교

··· 02 열화

1. 콘크리트 비파괴시험의 목적

1) 콘크리트의 압축강도 측정
2) 신설 구조물의 품질검사
3) 기존 구조물의 안전점검 및 정밀 안전진단

2. 콘크리트 비파괴시험의 종류

1) 강도법(반발경도법, 타격법, Schmidt Hammer Test)
2) 초음파법(음속법, Ultrasonic Techniques)
3) 복합법(강도법+초음파법)
4) 자기법(철근 탐사법, Magnetic Method)
5) 음파법(공진법, Sonic Method)
6) 레이더법(Radar Method)
7) 방사선법(Radiographic Method)
8) 전기법(Electrical Method)
9) 내시경법(Endoscopes Method)

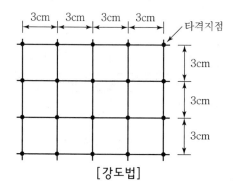

[강도법]

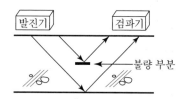

[초음파법]

3. 구조물 손상의 종류 및 보수·보강공법

구분	손상종류	보수·보강공법
Con'c 구조물	박리, 균열, 백태, 손상	표면도포, 충전공법, 면처리 후 충전, 표면코팅
	박락, 층분리	강재 Anchor, 충진, 치환법
강 구조물	부식, 피로균열	방청제 도포, 보강판 부착, 균열부 교체
	과재하중, 외부충격손상	단면보강, 교정보강

4. 보수·보강공법

1) 보수공법 : 구조적 결함이 없을 경우

① 표면처리
② 충전
③ 주입
④ BIGS(Ballon Injection Grouting System)
⑤ Polymer시멘트 침투
⑥ 치환

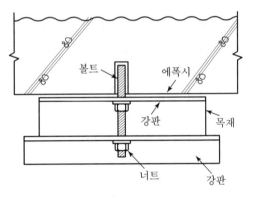

(a) 압착법에 의한 강판접착

2) 보강공법

① 강판부착
② 강재 Anchor
③ 강재 Jacking
④ 외부강선 보강
⑤ Prestress
⑥ 단면 증대
⑦ 탄소섬유 Sheet 부착
⑧ 교체공법

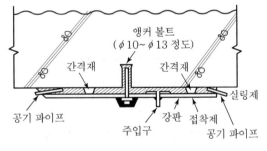

(b) 주입법에 의한 강판접착

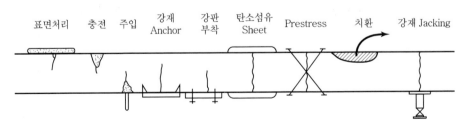

···03   내구성 저하의 원인 및 대책

1. 콘크리트 구조물의 내구성 점검방법

종류	점검시기	점검내용
정기 점검	• A·B·C 등급 : 반기당 1회 • D·E 등급 : 해빙기·우기·동절기 등 연간 3회	• 시설물의 기능적 상태 • 사용요건 만족도
정밀 점검	• 건축물 　– A : 4년에 1회 　– B·C : 3년에 1회 　– D·E : 2년에 1회 　– 최초실시 : 준공일 또는 사용승인일 기준 　　3년 이내(건축물은 4년 이내) 　– 건축물에는 부대시설인 옹벽과 절토사면 　　을 포함한다. • 기타 시설물 　– A : 3년에 1회 　– B·C : 2년에 1회 　– D·E : 1년마다 1회 　– 항만시설물 중 썰물 시 바닷물에 항상 잠 　　겨있는 부분은 4년에 1회 이상 실시한다.	• 시설물 상태 • 안전성 평가
긴급 점검	• 관리주체가 필요하다고 판단 시 • 관계 행정기관장이 필요하여 관리주체에게 　긴급점검을 요청한 때	재해, 사고에 의한 구조적 손상 상태
정밀 진단	최초실시 : 준공일, 사용승인일로부터 10년 경 과 시 1년 이내 * A 등급 : 6년에 1회 * B·C 등급 : 5년에 1회 * D·E 등급 : 4년에 1회	• 시설물의 물리적, 기능적 결함 발견 • 신속하고 적절한 조치를 취하기 위해 구조 　적 안전성과 결함 원인을 조사, 측정, 평가 • 보수, 보강 등의 방법 제시

2. 콘크리트 구조물 안전진단기법

1) 육안검사
2) 균열 조사
3) 반발경도 조사
4) 철근 배근상태 조사
5) 중성화 조사
6) 기울기 조사
7) 지반침하 조사
8) 수평·수직변위 조사
9) 구조체 내력 조사
10) Core 채취
11) 콘크리트 변색 조사

3. 열화원인 및 대책

구분	열화 원인	대책
기본적 원인	1) 설계상 • 철근 단면 부족 • 철근량 부족 및 피복 두께부족 • 신축이음 누락	• 설계하중 충분히 산정 • 신축이음 설계
	2) 재료상 • 재료불량 • 혼화재 과다사용	• 풍화된 시멘트 사용금지 • 적절한 혼화재료
	3) 시공상 • 재료분리 • 가수, 다짐불량 • 양생불량	• 타설속도 조절 • 밀어넣기 금지 • 가수 금지 • 다짐 철저 • 양생 철저
기상작용	• 동결융해 • 양생 시 온도변화 • 건조수축	• 보온양생 • 양생온도 관리 • 입도 양호한 골재 사용
물리·화학적	• 중성화 • 알칼리 골재반응 • 염해	• 물시멘트비 적게 • 밀실하게 타설 • 해사 사용 금지
기계적	• 진동, 충격 • 마모, 파손	• 양생 시 항타 금지 • 장비 충격 방지

4. 철근부식의 원인 및 방지대책

1) 부식 촉진제(부식의 3요소) : 물, 산소, 전해질($2e^-$)

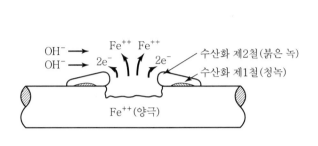

[철근의 녹 발생]

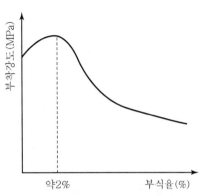

[부식률과 부착강도]

<〈철근 부식 Mechanism〉>

$$Fe + H_2O + \frac{1}{2}O_2 \rightarrow Fe(OH)_2 : 수산화 제1철$$

$$Fe(OH)_2 + \frac{1}{2}H_2O + \frac{1}{4}O_2 \rightarrow Fe(OH)_3 : 수산화 제2철$$

$$Fe(OH)_3 \rightarrow 팽창 \rightarrow 균열 \rightarrow 부식 촉진 \rightarrow 내구성 저하$$

2) 철근 부식률 한계

① 교량, 도로구조물, 주차장구조물 : 15%
② 일반 건축구조물, 아파트 : 30%
③ 공장, 창고 : 50%

3) 철근 부식의 발생원인

① 동결융해
② 탄산화
③ 알칼리 골재반응
④ 염해
⑤ 반복 진동 하중
⑥ 전류

4) 철근부식 방지대책

① 아연도금

② Epoxy 코팅

③ Tar 코팅

④ 피복두께 증대

⑤ 균열보수 철저

⑥ 콘크리트에 방청제 도포

⑦ 콘크리트 표면에 피막제 도포

⑧ 단위수량 저감

5. 동결융해의 원인 및 대책

1) 원인

- 동절기 양생대책 없이 콘크리트 타설 및 양생의 경우
- 콘크리트 타설 후 초기에 저온에 노출된 경우
- 대기에 노출된 부분이 동결 및 융해를 반복하는 경우

2) 대책

- 조강 시멘트 사용
- AE제 사용
- W/B비 가능한 낮게
- 골재, 물 Pre-heating
- Agitator 보온
- 초기 동해발생 방지
- 보온/가열 양생
- 거푸집 존치기간 연장

6. 탄산화 원인 및 대책

1) 원인

- 탄산가스에 의한 콘크리트 탄산화
- 산성비

- 산성토양
- 화재

2) 대책

- 고알칼리성 시멘트 사용
- 중성화 지연제 사용
- W/B비 가능한 낮게
- 공기량 낮게
- 충분한 피복 두께
- 밀실하게 타설
- 발생된 균열 신속 보수

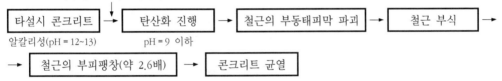

대기 중 탄산가스의 침투

| 타설시 콘크리트 | → | 탄산화 진행 | → | 철근의 부동태피막 파괴 | → | 철근 부식 | → |

알칼리성(pH = 12~13)   pH = 9 이하

| → | 철근의 부피팽창(약 2.6배) | → | 콘크리트 균열 |

[탄산화 Mechanism]

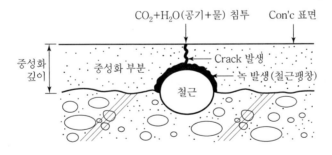

CO_2+H_2O(공기+물) 침투   Con'c 표면

[탄산화에 의한 철근 부식]

7. 알칼리 골재반응 원인 및 대책

1) 원인

- 반응성 골재 사용 시(화산암, 규산암, 석영, 백운석 등)
- 시멘트에 수산화 알칼리성분 존재
- 습기가 많은 곳

2) 대책

- 반응성 골재 사용 금지
- 저알칼리성 시멘트 사용
- 밀실한 콘크리트 타설
- 콘크리트 표면 방수성 도료 도장

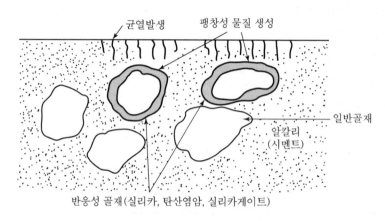

[알칼리 골재반응]

8. 염해 원인 및 대책

1) 원인

- 해사 사용
- 해안가 구조물 축조 시
- 콘크리트 피복두께 얇음

2) 대책

- 해수, 산성수 사용 금지
- 해사 사용 시 세척 후 염분량 허용한도 내
- 골재 염하물 함유량 상시 측정
- 알루미나 시멘트 사용
- 방청제, 제염제 사용
- 피복두께 두껍게
- 콘크리트 표면 도장

- 철근에 에폭시 코팅
- 철근 전기방식 설비

··· 04 콘크리트 폭열

1. 폭열 메커니즘

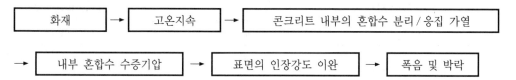

2. 폭열발생 원인

1) 콘크리트 내부 수증기의 배출 곤란
2) 수증기압 상승
3) 콘크리트 인장강도 저하
4) 내화성 약한 골재
5) 함수율 큰 콘크리트

3. 폭열이 콘크리트에 미치는 문제점

1) 콘크리트 피복 박리
2) 구조물 수명 단축
3) 박리물 비산
4) 철근 노출로 내력저하

4. 폭열 방지대책

1) 내열성이 큰 Polypropylene 섬유 혼합
2) 내화성이 큰 골재 사용(안산암, 화산암)
3) 내화피복(뿜칠, 회반죽)
4) 내화도료

5) 메탈리스 사용

6) 방화구획

7) 방화설비

8) 석고보드 부착

5. 파손 깊이

1) 콘크리트 구조물

화재 지속시간	Con'c 온도	Con'c 파손깊이
80분 후	800℃	0~5mm
90분 후	900℃	15~25mm
180분 후	1,100℃	30~50mm

2) 강 구조물

구분	강재 온도	파손 상태
냉간 가공강재	500℃	강도상실
일반 강재	800℃	강도상실

6. 폭열피해 보수·보강 대책

등급	피해 정도	보수보강 공법
I	마감재 부분 탈락	부분보수
II	Con'c 박기, 철근 일부 노출(검은색)	박리제거 및 모르타르 충진
III	Con'c 박락, 철근 노출 심함(핑크색)	전면보수, 폭열 제거+보강 철근+Shotcrete 타설
IV	구조물 변형, 철근 붕괴(엷은 황색)	전면교체, 신설철근+신설 Con'c 타설

철골공사

1장 철골공사

철골공사

··· 01 철골공사 절차

1. 철골공사 절차

1) 사전준비

　① 설계도서 검토

　② 철골 공작도 검토

　③ 철골 설치계획 검토

　④ 철골 자립 안전성 검토

2) 공장 가공 제작

　① 공장 가공 제작

　② 가조립 및 본조립

3) 철골 운반

　① 조립 부재 크기 / 중량

　② 수송로

4) 철골 앵커볼트 매입 및 기초상부 마무리

5) 철골 반입

6) 철골 세우기

7) 철골 접합

8) 검사

9) 녹막이 칠

10) 내화피복 또는 철근콘크리트 작업

2. 사전 준비단계

1) 설계도 및 공작도 확인사항

① 부재의 형상 및 치수

② 접합부의 위치

③ 브래킷의 내민 치수

④ 건물높이

⑤ 철골의 건립 형식

⑥ 가설 설비

- 건립기계 종류
- 건립기계 대수

⑦ 이음부 시공 난이도

⑧ 철골계단의 안전작업 이용

⑨ 철골 공작도에 포함해야 할 사항

2) 철골 공작도에 포함해야 할 사항

① 비계받이 및 브래킷

② 기둥 승하강용 Trap

③ 구명줄 설치 고리

④ Wire 걸이용 고리

⑤ 난간 설치용 부재

⑥ 안전대 설치용 고리

⑦ 방망 설치용 부재

⑧ 비계 연결용 부재

⑨ 방호선반 설치용 부재

⑩ 양중기 설치용 부재

3) 철골 내력(자립도)의 안전성 확보대상 건물

① 높이 20m 이상의 구조물

② 구조물의 폭과 높이의 비율이 1 : 4 이상인 구조물

③ 단면구조에 현저한 차이가 있는 구조물

④ 연면적당 철골량이 50kg/cm² 이하인 구조물

⑤ 기둥이 Tie Plate형인 구조물

⑥ 이음부가 현장 용접인 구조물

3. 공장 가공제작

1) 공장 제작의 원칙

① 현장 건립 순서대로
② 동일·동종의 부재의 경우 연속 가공
③ 장착물, 중량물은 운반능력에 따라 분할
④ 가공 완료한 부재는 반출 용이토록 적치
⑤ 접합부의 샘플링 검사 실시

2) 공장 제작순서

① 원척도 작성
② 본뜨기 : 얇은 강판으로 본뜨기
③ 변형 바로잡기
④ 금메김 : 볼트구멍, 절단위치
⑤ 절단 및 가공
⑥ 구멍 뚫기
⑦ 가조립 : 볼트 또는 핀
⑧ 본조립
⑨ 검사
⑩ 녹막이칠
⑪ 운반

4. 철골운반

1) 운반 시 검토사항

① 운반로의 도로폭   ② 중량제한
③ 높이제한   ④ 교통통제

2) 운반 시 유의사항

① 운반 중 변형 방지
② 현장 설치 순으로
③ 훼손된 부분은 1회 도장
④ 포장 시 내용물 명기

⑤ 현장 진입도로 고려

⑥ 양중 고려

5. 철골 앵커볼트 매입 및 기초상부 마무리

1) 앵커볼트 매입 공법

① 고정매입

② 가동매입

③ 나중매입

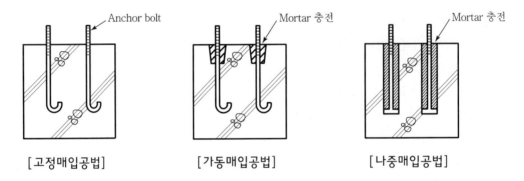

[고정매입공법]   [가동매입공법]   [나중매입공법]

2) 앵커볼트 매입 시 주의사항

① 매립 후 수정하지 않도록 설치

② 견고하게 고정 후 이동되지 않도록 콘크리트 타설

③ 매립 정밀도 범위

• 기둥중심은 기준선에서 5mm 이내 오차

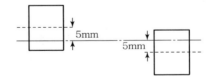

• 인접기둥 간 중심거리 오차는 3mm 이하

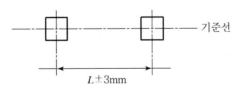

• 볼트는 기둥중심에서 2mm 이내 오차

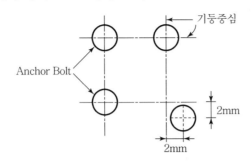

• Base Plate 하단높이 오차는 3mm 이내

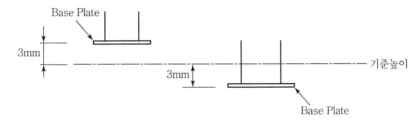

3) 기초상부 마무리

① 전면 마무리법

② 중심바름법

③ +자바름법

④ 나중채워넣기

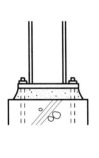

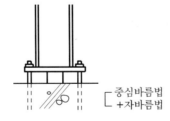

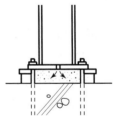

[전면바름 마무리법]

[중심바름법과 +자바름법]

[나중채워넣기법]

6. 철골반입 시 준수사항

   1) 철골 적재장소 선정

   2) 안정성 있는 받침대 사용

   3) 건립순서 고려

   4) 부재 하차 시 도괴 대비

   5) 인양 시 부재 도괴 대비

   6) 인양 시 수평이동 시 준수사항

     ① 전선 등 장해물 접촉 여부

     ② 유도 Rope로 끌지 말 것

     ③ 인양부재 하부 출입금지 조치

     ④ 하역 지점에서 흔들림 없도록 정지

   7) 적치 시 주의사항

     ① 너무 높게 쌓지 말 것 : 적치부재 하단폭의 1/3 이하

     ② 체인이나 버팀대로 고정

7. 철골 세우기

   1) 철골 세우기

     ① 순서 : 기둥 → 보 → 가새

     ② 변형 바로잡기

     ③ 가조립

   2) 철골 세우기 작업 시 주의사항

     ① 사전준비

     ② 안전장치 확인

     ③ 덧댐철판 확인

     ④ 무게중심 잡기

     ⑤ Rope 각도 준수

     ⑥ 신호체계

     ⑦ 회전 시 주의

     ⑧ Wire Rope 안전율 확인

     ⑨ 고임재 사용

3) 철골건립 공법의 분류

① Lift Up 공법
- 구조체 지상조립 후 이동식 크레인, 유압잭으로 건립
- 체육관, 공장, 전시관

② Stage 공법
- Pipe Truss와 같이 용접구조물을 하부에 Stage를 짜서 건립
- Stage 가설비 고가

③ Stage 조출공법
- Stage를 일부만 설치하고 하부에 Rail을 깔아 이동하면서 건립
- Stage 공법보다 공사기간 김

④ 현장조립공법
- 양중위치 가까운 곳에서 조립 후 건립
- 현장 조립장소 필요

⑤ 병렬공법(병풍식 건립공법)
- 한쪽 면에서 일정 부분씩 계단식으로 최상층까지 건립
- 이동식 크레인으로 건립 시

⑥ 지주공법
- 부재의 길이, 중량 제한으로 접합부에 지주를 세워 건립
- 지주 위 작업으로 효율 저하

⑦ 겹쌓기공법(수평쌓기 공법)
- 하부에서 1개층씩 조립완료 후 상부층으로 건립
- 타 작업도 어느 정도 병행 가능

8. 철골 접합

1) 접합방법 선정 시 고려사항

① 시공성
② 강도
③ 저공해성
④ 경제성
⑤ 안전성

2) 접합방법의 종류

① 리벳접합(Rivet)

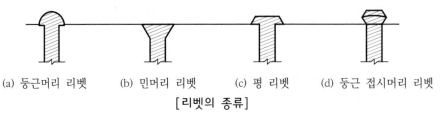

  (a) 둥근머리 리벳   (b) 민머리 리벳   (c) 평 리벳   (d) 둥근 접시머리 리벳

[리벳의 종류]

② 볼트접합(Bolt)

③ 고력볼트접합(High Tension Bolt)

   ㉠ 고력접합의 분류
- 마찰접합
- 인장접합
- 지압접합

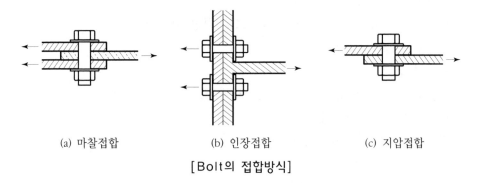

  (a) 마찰접합   (b) 인장접합   (c) 지압접합

[Bolt의 접합방식]

   ㉡ 고력접합의 특징
- 강성이 큼
- 작업용이
- 소음진동이 적음
- 조이기 검사 필요
- 숙련공 필요
- 고가

④ 용접접합

　㉠ 이음형식에 의한 분류

　　• 맛댐용접

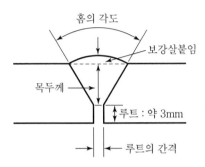

　　• 모살용접

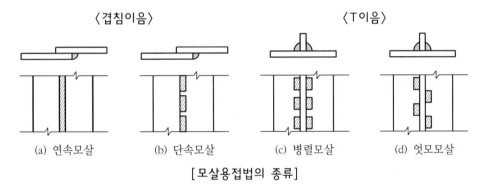

[모살용접법의 종류]

　　• 용접 목두께

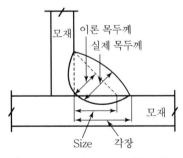

[Fillet 용접부에서 실제 목두께와 이론 목두께]

　㉡ 용접방법에 의한 분류

　　• 피복 아크용접(SMAW, Shelded Metal Arc Welding)

　　• 서브머지드 아크용접(SAW, Submerged Arc Welding)

- 가스실드 아크용접(GSAW, Gas Shield Arc Welding)
- 일렉트로 슬래그용접(ESW, Electro Slag Welding)
- 스터드용접(SW, Stud Welding)
ⓒ 용접의 특징
- 응력전달이 확실
- 강재 절약
- 소음, 진동 없음
- 검사 어려움
- 변형 우려
- 숙련공 필요
ⓔ 용접접합 시 안전대책
- 화재감시자 배치
- 작업장 주변에 가연물질, 인화물질 제거
- 작업대, 난간 등 확인
- 보안경, 가죽장갑 등 개인보호구 지급
- 누전차단기 설치
- 교류아크 용접기에는 전격방지기 설치
- 석면포 사용 불꽃 비산 방지
- 작업종료 후 주변 화기 여부 확인

9. 검사종류

① 육안검사
② 토크렌치검사
③ 비파괴검사

10. 녹막이 칠에서 제외되는 부분

① 콘크리트에 매입되는 부분
② 부재 접합에 의한 밀착면
③ 용접부의 양측 10mm 이내
④ 고력볼트의 마찰면

11. 내화피복

1) 내화피복의 목적

① 화재열로부터의 보호

② 화재 시 철골구조의 변형 방지

③ 내화성능의 확보

④ 인명과 재산보호

2) 내화피복공법의 종류

① 습식 내화피복공법

- 타설공법
- 미장공법
- 뿜칠공법
- 조적공법

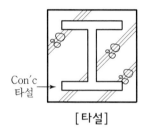
[타설]

[뿜칠]

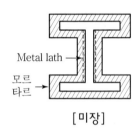
[미장]

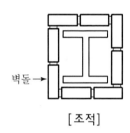
[조적]

② 건식 내화피복공법(성형판 붙임 공법)

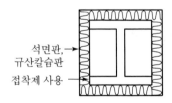

③ 합성 내화피복공법

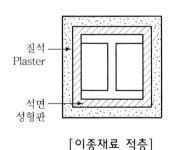
[이종재료 적층]

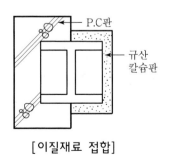
[이질재료 접합]

④ 복합 내화피복공법

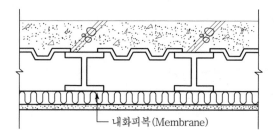

└ 내화피복(Membrane)

3) 뿜칠공법 시 유의사항

① 두께 및 밀도 검사

② 타설공사 중 중량에 유의

③ 분진주의

④ 낙하손실 주의

⑤ 바닥오염 주의

⑥ 내화시간 부합 Check

• 12층 이상 : 3시간 이상

• 5~11층 : 2시간 이상

• 4층 이하 : 1시간 이상

··· 02 철골공사 시 안전대책

1. 가설설비

1) 비계발판

① 성능검사

② 가설재 조립기준 준수

2) 재료 적치장소 및 통로 확보

연면적 1,000m²당 1장소 50m² 이상

3) 동력설비 확인

용접기대수, 인입전력량, 동력 Cable, 배전반 등

2. 전기용접 작업 시 재해유형 및 안전대책

1) 전기용접 방법의 분류

① 저항용접

② 아크용접

2) 전기용접 시 재해유형

① 감전

② 화재

③ 중금속 및 가스 중독

④ 추락

⑤ 직업병 : 시력장해, 호흡기 질환, 신경계

3) 용접작업 시 유해인자

① 용접 흄(Fume)

② 용접 가스

③ 분진(밀폐공간에서 작업 시)

④ 아크(Arc) 광선

4) 용접작업 시 발생하는 건강장해

① 시력 장해 : 안염, 백내장, 눈의 피로

② 호흡기 질환 : 폐기능 이상, 만성 기관지염

③ 발암 : 폐암, 피부암, 기관지암

④ 신경계 질환 : 납, 망간, 마그네슘 등 중금속에 의한 감각 이상

⑤ 위장계 장해 : 중금속 흡수에 의한 위염, 위질환

⑥ 피부질환 : 니켈, 아연 등 중금속에 의한 피부염, 화상

5) 재해원인

① 접지 미실시

② 비규격 전선 사용

③ 개인 보호구 미착용

④ 자동전격 방지장치 불량

⑤ 자세불량

⑥ 환기 미실시

6) 안전대책

① 화재감시자 배치

② 용접장소 주변 가연성 물질 제거

③ 접지확인

④ 누전차단기 확인

⑤ 자동전격 방지장치 확인

⑥ 용접봉 홀더상태 확인

⑦ 밀폐된 장소 시 환기대책

⑧ 용접아크 광선 차폐

⑨ 용접 흄(Fume) 흡입 방지 조치

⑩ 안전시설 설치(추락, 낙하, 비래, 화재)

⑪ 개인 보호구 착용 : 차광안경, 보안면, 가죽장갑, 앞치마, 보호의, 방독마스크

⑫ 이상기후 시 작업중단

3. 용접결함 원인 및 방지대책

1) 용접결함 종류

① Crack : 용접금속과 모재에 발생된 균열, 대표적인 용접결함

② Blow Hole : 용접금속부에 길쭉하게 방출가스로 발생된 기포

③ Slag 감싸돌기 : 용접금속부에 Slag 혼입

④ Crater : 용접금속부에 항아리 모양의 패임현상

⑤ Under Cut : 용접금속과 모재 접합부의 모재가 패임

⑥ Pit : 용접금속에 작은 구멍 생김

⑦ 용입불량 : 용입 부족

⑧ Fish Eye : 용접부에 둥근 은색 반점 생김

⑨ Over Lap : 용접금속이 모재에 겹침

⑩ Over Hung : 상향용접 시 용접금속이 아래로 흘러내림

⑪ Throat : 용접 목두께 부족

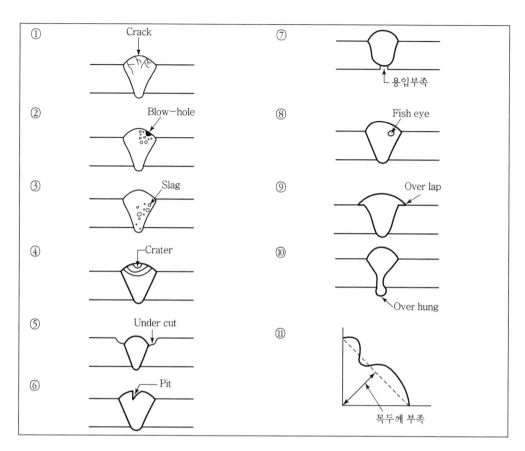

2) 용접 검사방법의 분류

① 용접 착수 전
ㄱ 트임새 모양
ㄴ 구속법
ㄷ 모아대기법
ㄹ 자세의 적부
② 용접 작업 중
ㄱ 용접봉
ㄴ 운봉
ㄷ 전류
③ 용접 완료 후
ㄱ 외관검사
ㄴ 절단검사

ⓒ 비파괴검사

- 방사선 투과법(RT, Radiographic Test)
- 초음파 탐사법(UT, Ultrasonic Test)
- 자기분말 탐상법(MT, Magnetic Particle Test)
- 침투 탐상법(PT, Penetration Test, Liquid Penetrant Test)
- 와류 탐상법(ET, Eddy Current Test)

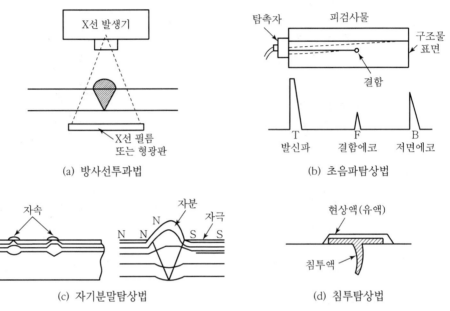

[강구조물 비파괴검사]

3) 용접결함의 발생원인

① 모재의 열팽창
② 모재의 소성 변형
③ 냉각과정의 수축
④ 모재의 영향 : 용접 재료불량, 개선부 불량
⑤ 용접시공의 영향 : 용접속도 부적절, 기능 부족
⑥ 잔류응력 영향
⑦ 용접순서 및 방법 오류
⑧ 작업환경의 영향
- 예열 미실시
- 적정전류 미사용

4) 용접결함 방지대책

① 적정한 용접봉 선택
② 적정한 용접방법 선정
③ 숙련된 용접공 투입
④ 작업환경의 개선
⑤ 적정한 전류흐름 유지
⑥ 적정한 용접속도 유지
⑦ 용접 접속부의 정밀도 확보
⑧ 용접면의 청소
- 예열을 충분히 할 것
- 돌림 용접으로 할 것
- 수축력 제거(냉각법)
- 대칭용접 및 역변형법 용접 시행
⑨ Over Welding 금지
⑩ Back Step 및 End Tap 정밀하게

4. 철골구조 조립 시 안전대책

1) 철골건립 준비 시 준수사항

① 작업장 정비
② 수목 제거 또는 이식
③ 인접 지장물에 대한 방호 조치
④ 기계기구 정비 및 보수
⑤ 장비배치 확인
⑥ 앵커 및 기초상부 확인

2) 철골 조립 시 안전대책

① 가조립 볼트 조임 완료 시까지 Wire Rope 유지
② 기둥 세우기는 보와 연결하여 한 칸씩
③ 분할핀은 사전에 철골에 연결
④ 분할핀, 볼트, 공구류는 철골보 위에 방치하지 말 것
⑤ 공구류는 달기로프, 달포대로 운반

⑥ 핀 타입 시 하부에 근로자 출입금지

⑦ 철골 각 층으로 통하는 통로 및 승강설비 완비

⑧ 철골 각 층마다 수평망 설치

- 가공전선에 접촉되지 않도록
- 건립 중에는 Wire Rope, Turn Buckle 등으로 고정

3) 철골공사 재해방지 설비

① 추락방지 설비

- 표준안전 난간대
- 방망
- 비계
- 안전대 부착설비
- 방호울
- 수평통로
- 개구부 방호

② 비래, 낙하방지 설비

- 낙하물 방지망
- 낙하물 방호선반
- 수직보호망(방호시트)
- 울타리
- 투하설비

③ 기타 재해방지 설비

- 승강설비
- 수전설비
- 조명설비
- 불연설비

5. 고력볼트 접합 시 유의사항

1) 고력볼트의 조임 순서

① 1차 조임 : 조립 즉시, 중앙부에서 단부로

② 금매김 철저 : 1차 조임 후 즉시

③ 본조립 : 토크렌치 사용

2) 검사와 조임 시 유의사항

① 외관검사

② 틈새 처리

③ 기기의 정밀도 확인

④ 접합부 건조상태 확인

⑤ 접합면 녹 제거

⑥ 구멍오차 확인

⑦ 조임순서 준수

⑧ 나사선 3개 이상 보이도록

⑨ 마찰면 확인

⑩ 재사용 볼트 사용금지

6. 철골공사 중 작업 중지 악천후 조건

1) 철골작업 중지 악천후 기준

① 강풍 : 풍속 10m/sec 이상

② 강우 : 1mm 이상/시간

③ 강설 : 1cm 이상/시간

2) 풍속별 철골작업 범위

① 풍속 0~7m/sec : 모든 작업 가능

② 풍속 8~9m/sec : 외부용접, 도장작업 중지

③ 풍속 10~13m/sec : 작업 중지

④ 풍속 14m/sec 이상 : 작업자 하강 대피

⑤ 순간풍속 10m/sec : 양중기 설치·해체 금지

⑥ 순간풍속 15m/sec : 양중기 작업 금지

해체공사

1장 해체공사

해체공사

··· 01 해체공사 분류

1. 구조물 해체의 필요성

1) 수명 한계 도달
2) 구조 및 기능상 수명 한계 도달
3) 주거환경 개선
4) 도시정비
5) 재개발, 재건축, 리모델링
6) 도로확장, 우회 도로공사
7) 선박 통로 개설
8) 내구연한 경과

2. 기존 구조물의 해체방법 분류

1) 기존 구조물 부재의 해체
2) 파괴가 쉬운 곳부터 파쇄
3) 구조물의 국부적 해체
4) 구조물 전체 해체

3. 해체공법의 분류

1) 기계에 의한 해체공법

① 철 해머공법(Steel Ball 공법, 타격공법)
② 소형 브레이커공법(Hand Breaker)
③ 대형 브레이커공법(Giant Breaker)
④ 절단공법(절단톱, 절단줄)

2) 전도공법

3) 유압력에 의한 해체공법

① 유압잭공법

② 압쇄공법

4) 팽창압공법

5) 화약의 폭발력에 의한 해체공법

① 발파공법

② 폭파공법

6) Water Jet 공법

7) 레이저공법

4. 해체공법 선정 시 고려사항

1) 해체 대상물의 구조
2) 해체 대상물의 부재단면 및 높이
3) 부지 내 작업용 공지
4) 부지 주변의 도로상황 및 환경
5) 해체공법의 경제성, 작업성, 안정성, 저공해성 등

···02 해체공사

1. 해체공사 시 사전 조사사항

1) 구조물조사

- 구조의 특성, 치수, 층수, 건물높이
- 부재별 치수, 배근상태
- 해체 시 전도우려 내·외장재
- 설비기구, 배관상태

- 비산각도, 낙하반경
- 진동, 소음, 분진 예상치 및 대책공법
- 해체물의 집적 및 운반방법

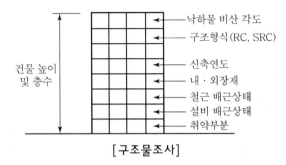

[구조물조사]

2) 인접지역 상황조사

- 부지 내 공지 유무, 해체용 기계설비의 위치, 발생재 처리장소
- 해체공사 전 철거, 이설, 보호가 필요한 장애물
- 지하매설물의 종류 및 위험성
- 인접건물 동수 및 거주자
- 도로상황 및 가공전선 유무
- 교통량 및 통행인
- 진동, 소음 발생 영향권 조사

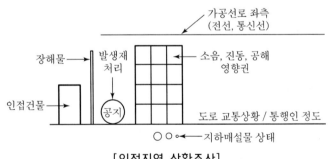

[인접지역 상황조사]

2. 해체작업 순서 F/C

1) 주변상황 파악 : 건물, 도로, 지장물 등
2) 해체공법 결정
3) 관청신고
4) 가설막 설치

5) 사전 철거작업 실시

6) 본 해체공사 실시

7) 해체물 파쇄 및 운반

3. 발파식 해체공법

1) 발파식 해체공법이 필요한 경우

① 재래식 공법으로 해체 불가 및 난공사일 경우

② 구조물이 기울었거나, 균열이 심한 경우

③ 구조물 주변에 심각한 영향을 미칠 우려가 있는 경우

④ 특수 구조물인 경우

2) 발파식 해체공법의 장단점

① 장점
- 해체 불가능 구조물 해체 가능
- 공기단축
- 소음, 진동, 분진 발생이 순간적임
- 주변시설물에 피해 적음

② 단점
- 공사비 과다
- 인허가 복잡
- 1회에 실패 시 후속처리 곤란

3) 공사수행 Flow Chart

① 공사내용 파악

② 해체구조물 분석

③ 주변상황 및 환경영향 조사

④ 시험발파

⑤ 발파설계 및 시방서 확정

⑥ 사전 취약화 작업

⑦ 발파 : 천공, 장약

⑧ 잔류폭약 유무조사 및 주변 피해조사

⑨ 잔재물 처리 : 파쇄 및 운반

4. 절단톱 공법

1) 공법의 특징

① 장점
- 작업성 양호
- 해체물 운반 용이
- 진동, 분진 없음
- 가설시설이 적어도 됨
- 공정계획 작성 용이

② 단점
- 2차 파쇄가 필요
- 절단 시 소음 발생
- 접합부 절단 어려움
- 전력 공급 필요

2) 절단톱 사용 시 주의사항

- 작업환경 정리정돈
- 전기시설 및 급수, 배수설비 확인
- 회전날 접촉방지 커버 부착
- 회전날 조임상태 확인
- 절단 시 회전날 냉각수 점검
- 절단기 정비 및 윤활유 주유

··· 03 해체공사 시 안전대책

1. 해체공사 시 재해유형과 안전대책

1) 재해유형

- 추락 : 비계 설치 해체, 개구부
- 낙하·비래 : 해체물 낙하, 비래
- 감전 : 해체 기계·기구의 전선

- 충돌·협착 : 해체장비
- 붕괴, 도괴
- 지하매설물 파손

2) 안전대책

- 관계자 외 출입금지 조치
- 악천후 시 작업중지
- 사용기계·기구 인양 시 그물포대 사용
- 외벽, 기둥 전도 낙하위치 검토
- 해체건물 외곽 방호용 비계 설치
- 방진벽, 살수시설 설치
- 대피소 설치
- 안전교육 실시
- 안전시설 설치
- 보호구 착용

2. 해체작업에 따른 공해방지대책

1) 해체작업에 따른 공해

- 소음, 진동
- 비산분진
- 지반침하
- 수질오염
- 불안감
- 교통장해

2) 안전대책(안전시설)

- 소음진동 최소화공법 선정
- 분진 차단막 설치
- 낙하물 방호선반 설치
- 살수설비 설치
- 연락설비
- 방진, 방음막 설치
- 가설울타리 설치
- 환기설비 설치
- 지반침하 가능성 고려

PART

07

교량 / 터널 / 댐공사

1장 교량공사

2장 터널공사

3장 댐공사

교량공사

··· 01 교량분류 및 구조도

1. 교량의 분류

1) 시특법상 분류

① 1종 교량

② 2종 교량

③ 3종 교량

2) RC교

① Slab교

② 중공 Slab교

③ T형 교

④ Rahmen교(라멘교)

[라멘교]

3) PC교

① I형 PC교

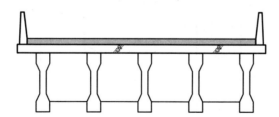

② Box Girder교

③ π형 라멘교

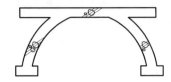

④ 사장교

⑤ Arch교

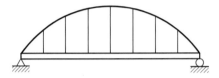

⑥ 엑스트라 도즈드교(Extra Dozed)

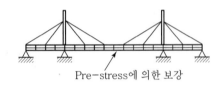

Pre-stress에 의한 보강

4) 강교

① I형 Plate Girder교

② Box Girder교

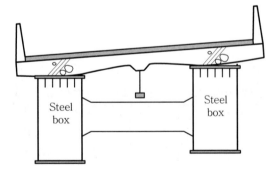

Steel box

Steel box

③ Truss교

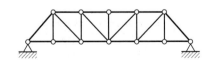

④ 사장교

⑤ Arch교
⑥ 현수교

2. 교량구조도

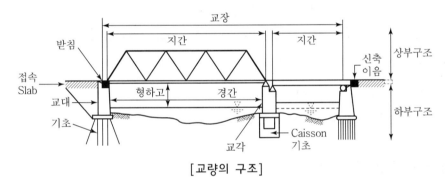

[교량의 구조]

3. 교량의 하중전달 메커니즘

1) 하중

활하중, 사하중, 부력(양압력), 표준트럭하중(DB), 차선하중(DL)

2) 상부구조

차량 하중이 접하는 곳, 받침 위의 구조

3) 교좌장치

받침(Shoe), 신축이음장치

4) 하부구조

교대(Abutment), 교각(Pier), 경간

5) 기초지반

말뚝, 기초, Caisson

··· 02 교량 가설공사

1. 가설공법 종류

1) 현장타설공법

① F.S.M 공법(동바리공법, Full Staging Method)
② I.L.M 공법(압출공법, Incremental Launching Method)
③ M.S.S 공법(이동식 지보공법, Movable Scaffolding System)
④ F.C.M 공법(외팔보공법, Free Cantilever Method, Dywidag 공법)

2) Precast 공법

① P.G.M 공법(Precast Girder Method)
② P.S.M 공법(Precast Segment Method)

2. 가설공법 선정 시 고려사항

1) 안전성
2) 상부구조 형식
3) 경제성
4) 시공성
5) 지형, 지질
6) 교량구조 형식
7) 하부공간 이용 가능성
8) 건설공해(소음, 진동, 비산, 인접 건물 등)
9) 환경 영향

3. 가설공사

1) FSM 공법

- 교각과 교각(교대) 사이 구간에 동바리를 설치하고 상부를 타설하는 공법
- 가설 높이가 낮을 때 경제적
- 소규모 교량에 적합한 공법

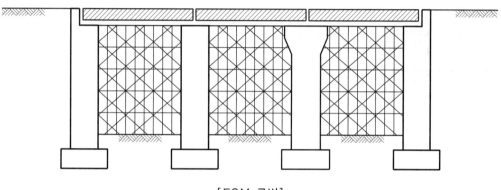

[FSM 공법]

2) ILM 공법

- 교대 후방에 위치한 제작장에서 일정한 길이의 상부 부재를 제작하여 압출장비로 밀어내는 공법
- 제작장의 설치로 전천후 시공 가능
- 교각의 높이가 높을 때 경제적

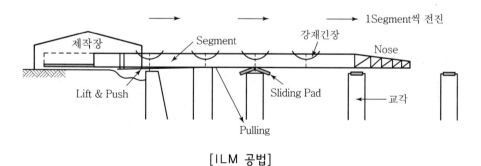

[ILM 공법]

3) MSS 공법

- 상부구조 시공 시 거푸집이 부착된 지보재를 사용해 한 경간씩 이동하며 가설하는 공법
- 경간이 많은 교량의 시공 시 경제적
- 상부 이동식(Hanger Type)과 하부 이동식(Support Type)이 있음

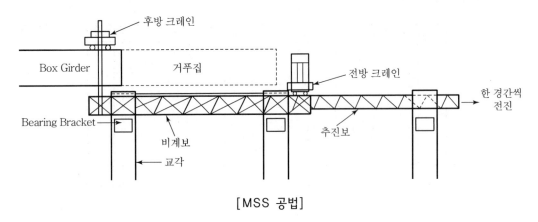

[MSS 공법]

4) FCM 공법

- 교각 시공 후 교각 상부의 Form Traveller를 사용해 교각을 중심으로 좌우대칭을 유지하며 전진 가설해 나가는 공법
- 경간이 길수록 경제적
- Form Traveller 2개조 이상 필요

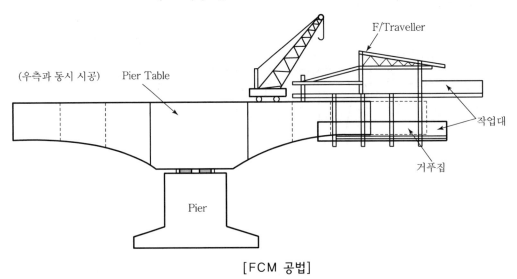

[FCM 공법]

5) PGM 공법

- 상부구조를 제작장에서 경간 길이로 제작한 후 현장으로 운반하여 가설 Crane으로 설치하는 공법
- Girder의 운반에 있어 주의가 필요하나 현장작업이 저감됨
- 시공속도가 빠르고 소규모 교량에 적합함

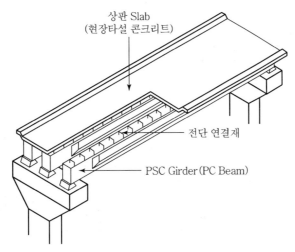

[PGM 공법]

〈Girder교의 분류〉

구분	PSC(Prestressed Concrete)	Steel
I형 Girder교	〈Precast Girder교〉	〈Steel Plate Girder교〉
Box형 Girder교	〈PSC Box Girder교〉	〈Steel Box Girder교〉

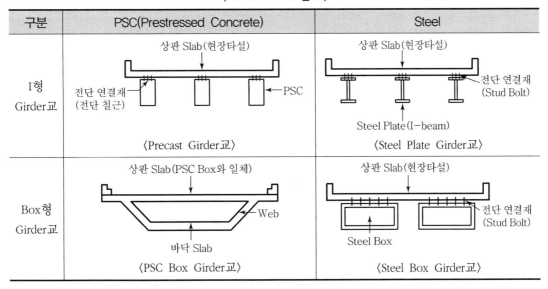

6) PSM 공법

- Segment인 Box Girder를 제작한 후 Crane 장비를 사용하여 상부구조를 가설하는 공법
- Segment의 운반에 주의를 요함
- Segment의 접합부 시공 시 정밀성 요구됨

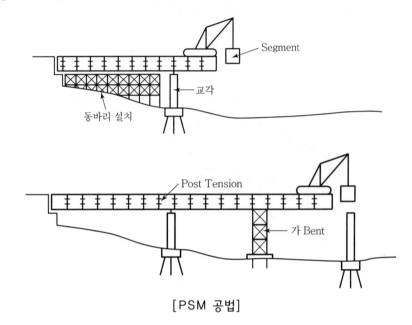

[PSM 공법]

4. 가설공법별 특징 비교

구분	FSM	ILM	MSS	FCM	Precast Girder 공법	PSM
시공 방법	교각과 교각 사이에 동바리를 설치하여 상부구조를 제작하는 공법	교대 후방에 위치한 제작장에서 일정길이, 상부부재를 제작하여 전방으로 밀어내는 공법	교각 위에서 상부구조를 제작하는 거푸집, 비계를 교각 위에서 다음 경간으로 이동시키는 공법	교각 상부에서 이동식 작업차를 사용해 좌우로 상부구조를 가설해 나가는 공법	제작장에서 경간 길이에 해당하는 Girder를 제작해 현장으로 운반 가설하는 공법	Segment인 Box Girder를 제작장에서 제작 후 현장으로 운반하여 가설방법을 사용, 상부구조를 완성시키는 공법
최적 경간장	50m 이하 소규모	30~60m 19 Span 이하	40~70m 20 Span 이상	90~160m 장경간	20~40m 소규모	30~120m 대규모
하부 구조	동바리 형식	하부조건에 지장이 없음	하부조건에 지장이 없음	하부조건에 지장이 없음	가설방법에 따라 지장 발생	가설방법에 따라 지장 발생
시공 속도	동바리 작업으로 가장 느림	7~14일/Seg.	14~21일/Span	80~90일/Span (1 Span＝100m)	경간 길이별 시공속도가 빠름	Long Line Segment 시공 시 경간단위
경제성	교각 높이가 낮을 때 경제적임	교각 높이가 높을 때 경제적임	다경간 시공 시 경제적임	Span(경간)이 길 때 경제적임	현장작업 저감	운반비, Seg 접합비 등으로 공사비 증가
안전성	동바리, 거푸집의 조립 해체 시 안전사고 위험 높음	하부조건과는 무관, 압출 시 유의	작업이 가시설 내부에서 이루어지므로 비교적 안전	Cantilever에 의한 부Moment 발생에 대한 대책 필요	거더의 운반에 있어 주의를 요함	Segment 운반 및 취급 등에 있어 주의를 요함

··· 03 교량공사 시 재해유형 및 안전대책

1. 시공순서

1) 가설공사

① 거푸집

② 보강재

③ 동바리

2) 재료

① 정확한 계량

② 양질재료

③ 공학적 안정

3) 배합

① 비빔　　　　　　　　　② 혼합

4) 시공

① 운반　　　　　　　　　② 타설

③ 다짐　　　　　　　　　④ 이음

⑤ 양생

5) 강재긴장

① 소요강도　　　　　　　② 긴장순서

③ 긴장장비　　　　　　　④ 기록관리

2. 재해유형

1) 추락 : 교각, 상부 구조물 작업 시

2) 낙하·비래 : 비계 위 자재 적치, 상하 동시작업

3) 감전 : 인접 지상 전선에 건설기계 감전, 비계 Pipe와 전선의 접촉

4) 충돌, 협착 : 굴삭기, 크레인 등 장비에 의한 협착

5) 붕괴 : 거푸집·동바리 붕괴, 지반침하

6) 전도 : 크레인, 파일 항타기 전도

3. 콘크리트 타설 순서 준수

1) 수직방향 타설

바닥 슬래브 → Web → Deck Slab 순서로

2) 수평방향 타설

① 중앙에서 좌우 대칭되도록

② 중앙 (+)M → 양쪽 (+)M → 중앙 (−)M → 양쪽 (−)M 순서로

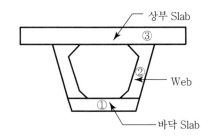 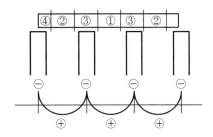

4. 시공 시 유의사항

1) 콘크리트 타설 시

① 재료분리 발생 방지, 타설높이 1.5m 이하 유지

② 거푸집 변형, 밀림 방지

③ 다짐 시 진동봉 콘크리트 표면 아래로 50cm 이하

④ 밀실하게 타설

2) 시공이음

① 수평 시공이음은 모멘트가 작은 지점에

② 이음면 레이턴스 제거

③ 이음개소 최소화

④ Cold Joint 방지

⑤ 방수 필요한 곳은 지수판 설치

3) 양생 시

① 초기 양생관리 철저

② 한중에는 증기 및 전기 양생

③ 서중에는 Pre−cooling, Pipe Cooling 양생

5. 안전대책

1) 관리감독자 선임
2) 작업자 외 출입금지
3) 악천후 시 작업중지
4) 고소작업 시 방호조치
5) 낙하·비래 방지조치
6) 감전사고 예방조치
7) 중장비에 의한 협착, 충돌 방지
8) 거푸집, 동바리 붕괴 방지
9) 중장비 전도 방지 조치
10) 상하 동시 작업 금지
11) 작업통로 확보 및 정리정돈

··· 04 교량의 안정성 평가 및 보수보강

1. 교량의 안정성 평가 목적

1) 노후 교량의 안정성 평가
2) 기존 교량의 수명 연장
3) 기존 교량의 유지관리

2. 안정성 평가순서

1) 외관조사
2) 정적 및 동적 재하시험
3) 결과분석
4) 내하력 평가
5) 종합평가
6) 대책수립 및 조치

3. 안정성 평가방법

1) 외관조사

① 상부구조
- 도로 표면 패임 및 균열
- 난간대, 경계석, 배수구, 배수 Pipe

② 장치
- 신축이음장치 작동, 파손
- 교좌장치 작동, 파손

③ 하부구조
- 기초 유실
- 교대 및 교각의 균열
- 기초의 침하
- 강 구조일 경우 부식상태

2) 정적 및 동적 재하시험 분석

① 정적 재하시험
- 처짐 및 전단 변형이 최대지점에 차량으로 정적 재하
- 변형률 및 처짐량 측정

② 동적 재하시험
- 정적 재하시험 위치에서 차량속도를 시간당 15km 증가
- 변형률 및 처짐량 측정

3) 내하력 평가

① DB 하중(표준트럭하중)
2축차륜 견인차에 1축차륜 세미트레일러를 연결한 표준트럭하중으로 교량 위를 이동하는 활하중
1등교(DB - 24 : 43.2ton), 2등교(DB - 18 : 32.4ton)

② 내하력 평가방법
- 기본내하력 : 교량이 담당할 수 있는 활하중의 크기(DB 하중)
- 공용내하력 : 기본내하력에 보정계수를 적용하여 실제 적용할 수 있는 하중

4) 종합평가

① 정상 상태 : 대상 교량의 필요 자료를 Data화
② 비정상 상태 : 대상 교량에 대한 보수, 보강 및 재시공 여부 결정

5) 대책수립(조치)

① 운행정지, 속도제한 등의 사용제한
② 교량의 보수, 보강 조치
③ 교량의 재시공

4. 보수공법

1) 포장

① Patching 공법 : 균열부 파취 후 가열아스팔트 혼합물 주입
② Sealing 공법 : 균열부에 Tar를 채워 보수하는 공법
③ 절삭(Milling) 공법 : 소성 변형 발생부 기계로 절삭하여 평탄성 및 미끄럼 저항성 향상
④ 표면처리공법 : 포장 표면에 균열·변형·마모 발생 시 2.5cm 이하 실링층 형성
⑤ 덧씌우기 : 표면 절삭 후 그 위에 5~10cm 포장하는 공법
⑥ 재포장공법 : 덧씌우기가 곤란할 정도로 파손이 심각하여 기존 포장을 제거 후 재포장

2) 콘크리트 슬래브

① 주입공법 : 균열 내부까지 에폭시 수지 등을 주입하는 공법
② 충전공법 : 균열폭이 작아 주입이 곤란한 경우 10mm 정도 V-cut 후 에폭시 수지를 충전하는 공법

3) 강교

① 용접
② 고장력 볼트

5. 보강공법

1) 콘크리트 슬래브

① 종형 증설공법 : 기존 바닥판의 거더 사이에 1~2개의 거더 추가 설치
② 강판 접착공법 : 바닥판의 인장 측에 강판을 접착하여 인장력 증가
③ FRP 접착공법 : 바닥판의 인장 측에 FRP를 접착하여 인장력 증가
④ Mortar 뿜칠공법 : 바닥판에 철근을 설치하고 모르타르 뿜어 붙임
⑤ 강재 상판교체공법 : 기존 콘크리트 상판을 강상판으로 교체

2) 강교

① 보강판 부착공법 : 단면 부족부에 강판을 부착
② 부재 교환공법 : 변형과 파손된 부재 교체

6. 교량 유지관리 수행방식

1) 예방 유지관리 방식(일상점검)
2) 사후 유지관리 방식(정밀안전진단)

7. 교량 유지관리 단계

1) 모니터링 단계
2) 일상점검 단계
3) 정밀안전점검 단계
4) 조치 단계

··· 05 강교 가설공사

1. 강교 가설공법 분류

1) 지지방법에 의한 분류

① 동바리공법(FSM)
② 압출공법(ILM)

③ 가설 Truss 공법(MSS)

④ 캔틸레버 공법(FCM)

2) 부재 거치방법에 의한 분류

① Crane 공법

② Cable 공법

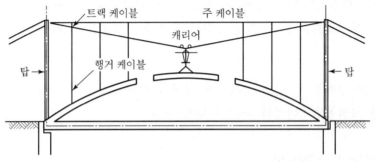

[Cable식 공법]

③ Lift up Barge 공법

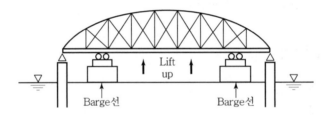

④ Pontoon Crane 공법

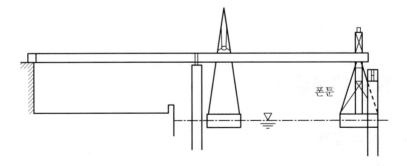

2. 강교 가설공사 시공순서

1) 공장제작

① 제작공장 선정

② 설계도서 검토

③ Shop Drawing 작성

④ 시공계획서 작성

⑤ 공급원 승인

⑥ 1차도장

2) 운반

① 도로 및 교량 통과 인허가

② 운반로 결정(위치, 거리, 시간)

③ 제한사항 검토(중량, 부피)

3) 검사

① 육안검사 및 X-Ray검사

② 변형 및 파손 여부 확인

4) 조립

① 지상조립

② 공중조립

5) 교좌장치 설치

① 가설 Shoe 설치

② 영구 Shoe 안치

6) 가설공사

① 가설공법에 따라 거치

② Girder, Bracing, Wing 등 부속설비 조립

7) 도장

① 2차도장

② 시험(도막두께 검사 및 부착력)

8) 슬래브 공사

① 슬래브 콘크리트 타설

② 방수

③ 포장

④ 차선도색

⑤ 교통개방

3. 가설공법 도해

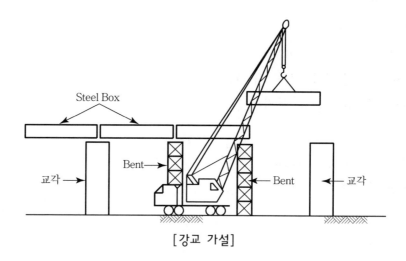

Steel Box

Bent

교각

Bent

교각

[강교 가설]

4. 교량 연결부의 구비조건

1) 응력전달이 양호할 것

2) 편심발생이 없을 것

3) 응력집중이 발생되지 않을 것

4) 잔류응력이 없을 것

5. 연결방법의 종류(철골공사 참조)

1) Bolt 연결

2) Revet 연결

3) 고장력 Bolt 연결

4) 용접

① 맛댐용접

② 모살용접

6. 용접결함의 원인 및 방지대책(철골공사 참조)

1) 용접결함의 종류

① Crack

② Blow Hole

③ Slag 감싸돌기

④ Crater

⑤ Under Cut

⑥ Pit

⑦ 용입 불량

⑧ Fish Eye

⑨ Over Lap

⑩ Over Hung

⑪ Throat

2) 용접 검사방법 분류

① 용접 착수 전

㉠ 트임새 모양

㉡ 구속법

㉢ 모아 대기법

㉣ 자세의 적부

② 용접 작업 중

㉠ 용접봉

㉡ 운봉

㉢ 전류

③ 용접 완료 후

㉠ 외관검사

㉡ 절단검사

ⓒ 비파괴검사
- 방사선 투과법
- 초음파 탐사법
- 자기분말 탐상법
- 침투 탐상법

3) 용접결함 원인

① 모재의 열팽창
② 모재의 소성 변형
③ 냉각과정의 수축
④ 모재의 영향
⑤ 용접시공의 영향
⑥ 잔류응력 최소화할 것
⑦ 용접순서 및 방법 오류
⑧ 작업 환경의 영향

4) 용접결함 방지대책

① 적정한 용접봉 선택
② 적정한 용접방법 선택
③ 숙련된 용접공 투입
④ 작업환경의 개선
⑤ 적정한 전류흐름 유지
⑥ 적정한 용접속도 유지
⑦ 용접 접속부의 정밀도 확보
⑧ 용접면의 청소
⑨ 예열을 충분히 할 것
⑩ 돌림 용접으로 할 것
⑪ 용접부 수축력을 제거(냉각법)
⑫ 대칭용접 및 역변형법 용접 시행
⑬ Over Welding 금지
⑭ Back Step 및 End Tap 정밀하게

···06 교량받침(교좌장치, Shoe)

1. 교량받침 선정 시 고려사항

1) 상부 구조의 형식
2) 지간거리
3) 지점반력
4) 내구성
5) 시공성
6) 경제성
7) 신축량 및 회전방향

2. 교량받침의 종류

1) 고정받침

특징	① 이동이 제한됨	② 회전 가능
	③ 교량 고정단에 설치	④ 충격흡수장치 필요

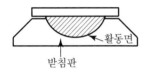

(a) Pot Bearing   (b) 선 받침   (c) 고무판 받침   (d) Pin 받침   (e) Pivot 받침

[고정받침의 종류]

2) 가동받침

특징	① 이동 제한장치 설치
	② 교량규모에 따라 이동량 산정
	③ 2방향 또는 4방향 이동형식
	④ 이동 저항력이 클 경우 받침 파손 우려

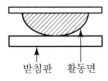 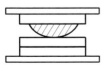 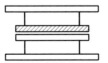 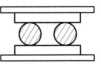 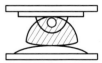

(a) Pot Bearing   (b) 선 받침   (c) 고무판 받침   (d) Roller 받침   (e) Rocker 받침

[가동받침의 종류]

3. 교량받침의 배치

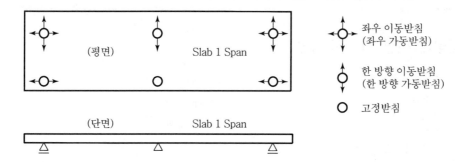

4. 교량받침의 파손원인

1) 고정받침

① 앵커볼트 파손

② 고정핀 파손

③ 구조물과 받침 접합부 균열 및 파손

④ 회전장치 마모

2) 가동받침

① 신축량 잘못 산정

② Roller 파손

③ 교좌장치 마모

④ 교좌장치 과소설계

5. 교량받침 파손 방지대책

1) 교좌장치의 적정한 배치

2) 받침 고정은 정확히

3) 방식, 방청 도장 시 너무 두껍지 않도록

4) 받침에 물이 고이지 않도록

5) 이동제한장치 설치

6) 앵커볼트 매입 시 무수축 콘크리트 타설 준수

7) 받침콘크리트 압축강도 24MPa 이상 유지

··· 07 교량기초부 세굴 발생원인 및 방지대책

1. 세굴형태

1) 장기적 하상 변동에 의한 세굴
2) 유수단면의 축소에 따른 세굴
3) 인접부 구조물 설치에 따른 와류에 의한 세굴

2. 기초세굴의 원인

1) 만곡부 설치
2) 하천 물흐름 방향의 검토 부실
3) 도로 확장 시 기존 기초교각 및 방향 검토 부실
4) 보의 위치를 고려하지 않고 교량 설치
5) 하상 정비, 골재채취 등의 여건 검토 부실
6) 사석보호공 등의 미설치

3. 세굴 방지대책

1) 사석 보호공
2) 수로 정비
3) 하상 유지공 설치
4) 교량하류 측에 낙차공 설치

터널공사

··· 01 터널공법 분류

1. 터널공법 선정 시 고려사항

1) 안정성
2) 시공성
3) 지형 및 지질
4) 교통장해 유발 정도
5) 터널의 길이
6) 주변환경에 미칠 영향 정도
7) 경제성
8) 주변 여건

2. 터널공법의 분류

1) MESSER 공법 : 광산 등에 적용되는 공법
2) NATM(New Austrian Tennelling Method) : 암반구간 적용 시 유리한 공법
3) TBM(Tunnel Boring Machine) : 암반구간 적용 시 유리한 공법
4) Shield 공법(Shield Driving Method) : 토사구간 적용 시 유리한 공법
5) 개착식 공법(Open Cut Method) : 도심지 지하철 정거장 공사 시 적용하는 공법
6) 침매공법(Immersed Method) : 하저구간에 시공하는 공법

3. 터널의 시특법상 분류

1) 1종
2) 2종
3) 3종

4. 터널공법의 특징

1) NATM(New Austrian Tunnelling Method)

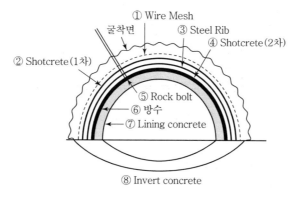

[NATM 공법]

특징	① 터널 자체가 주 지보재 역할
	② 지보공으로 Shotcrete, Rock Bolt, Steel Rib 시공
	③ 지보공이 영구 구조물이 됨
	④ 연약지반에서 극경암까지 적용 가능
	⑤ 지반변형이 비교적 적음
	⑥ 계측을 통한 시공 안정성 확보 가능
	⑦ 비교적 경제적

2) TBM(Tunnel Boring Machine)

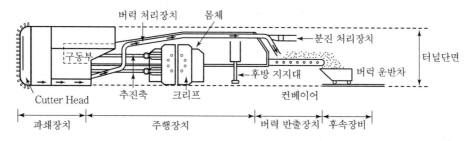

[TBM 공법]

특징	① 작업속도가 빠르다.	② 소음, 진동이 적다.
	③ 지보공이 없음	④ 원형단면으로 구조적 안정
	⑤ 장비구입비 등 초기 투자비 큼	⑥ 장비 제작 및 반입, 조립 기간 소요됨
	⑦ 지반변화에 대한 적용 범위가 제한됨	⑧ 기계장치 전문가 필요
	⑨ 공사 중 장비 고장 시 공기지연	⑩ 심한 곡선부 시공 곤란

3) Shield 공법(Shield Driving Method)

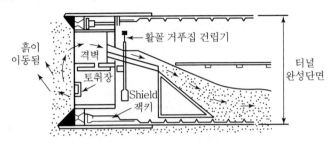

[Shield 공법]

특징	① 토사 및 연약지반에 적용
	② 매몰 위험이 없는 안전한 공법
	③ 품질관리 용이
	④ 토피가 얕은 터널은 시공 곤란
	⑤ 심한 곡선부 시공 불가

4) 개착식 공법(Open Cut Method)

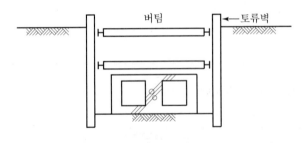

[개착식 공법]

특징	① 경제적인 공법	② 공정속도가 빠름
	③ 시공관리 용이	④ 건설공해 많음
	⑤ 주변 지반침하 큼	⑥ 지하매설물 방호조치 필요
	⑦ 붕괴 위험도 높음	⑧ 안전사고 위험 많음
	⑨ 개착구간 통행제한	

5) 침매공법(Immersed Method)

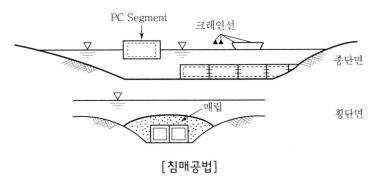

[침매공법]

특징	① 단면형상이 자유로움 ② 수심이 다소 깊은 곳에 시공 가능 ③ 연약지반에 시공 가능 ④ 육상제작에 따라 품질관리 용이함 ⑤ 공기 단축 가능

6) 잠함공법(Cassion Method)

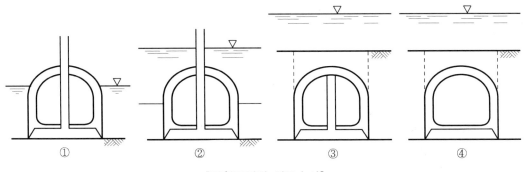

[잠함공법의 시공순서]

특징	① 구형 단면 ② 수심이 얕은 곳에 적합 ③ 토사지반에 유리 ④ 완전한 수밀 관리에 한계가 있음 ⑤ Caisson이 기울어지기 쉬움

7) Pipe Roof 공법

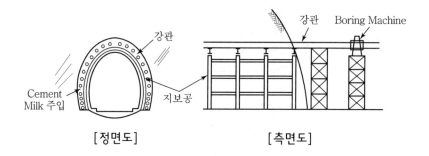

[정면도]　　　　　　　[측면도]

특징	① 터널굴착의 보조공법 ② 저진동, 저소음 공법 ③ 터널연장이 긴 경우 정밀도가 저하됨 ④ 자갈층, 전석층 시 시공 곤란 ⑤ 굴진속도 느림 ⑥ 안정성 불리

··· 02 NATM 공법

1. NATM 공법의 특징

1) 터널 자체가 터널의 주 지보재 역할

2) Shotcrete, Rock Bolt, Steel Rib 등의 보조공법 시공으로 안전성 확보

3) 지보공이 영구 구조물임

4) 연약지반에서 극경암까지 적용 가능

5) 지반변형이 비교적 적음

6) 계측을 통한 시공 안정성 확보 가능

7) 경제적인 공법

8) 단면 형상의 조정 용이

9) 발파진동으로 주변에 영향 발생

2. NATM의 시공순서

1) 지반조사

2) 갱구부 설치

3) 발파

4) 굴착

5) 지보공 작업

    ① 1차 Shotcrete 타설
    ② Wire Mesh 설치
    ③ Steel Rib 설치
    ④ 2차 Shotcrete 타설
    ⑤ Rock Bolt 설치

6) 방수

7) Lining Concrete 타설

8) Invert Concrete 타설

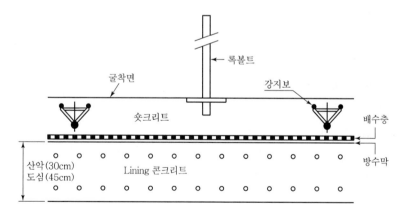

[단면상세도]

3. 갱구부 설치

1) 갱구부 위치

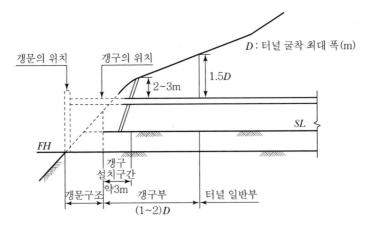

2) 갱구부 기능

① 지표수 차단

② 갱구부 사면보강

③ 지반이완 방지

④ 이상응력 발생 시 보강

3) 갱구부 변형 발생 원인

① 지표수 유입

② 지반침하

③ 편토압작용에 의한 변형

④ 갱구부 지반활동

⑤ 지반 부등침하

⑥ 갱구부 전도

⑦ 갱구부 사면 붕괴

4) 안전대책

① Soil Nailing 시공

② 연약지반 개량(치환, 압밀, 탈수)

③ 기초확대

④ 강지보공 설치

⑤ Invert Strut 설치

⑥ 사면보호공(Shotcrete, 편책, Rock Bolt)

⑦ Invert Con'c 시공

⑧ 배면공극 충전

4. 발파

1) 발파작업 순서

① 천공

② 장약 삽입 및 밀봉

③ 배선

④ 발파

⑤ 미발파공 및 잔류장약 확인

2) 굴착공법 분류

① 전단면 굴착 : 지반상태 양호 시

② 분할 굴착 : 지반상태 보통 시

• Long Bench Cut : 막장 자립 양호

• Short Bench Cut : 막장 자립 비교적 양호

• 다단 Bench Cut : 막장 자립 불량

③ 선진 도갱굴착 : 지반상태 불량 시

• 측벽도갱

• Ring Cut

• Silot 중벽분할

[중벽분할]

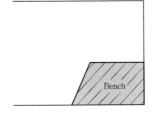

[Bench cut]

3) 제어발파

① Line Drilling

② Pre－splitting

③ Cushion Blasting

④ Smooth Blasting

4) 발파작업 시 안전대책

① 발파 책임자의 작업지휘

② 굴착 경계면에는 시방에 규정된 폭약 사용

③ 지질 및 암질에 맞는 화약량 검토

④ 발파 근로자 대피 및 비산석 방지 매트 확인 후 발파 조치

⑤ 발파 시 안전거리 확보 불가 시 임시 대피장소 설치

⑥ 화약류 장전 전 동력선은 최소 30m 이격시킴

⑦ 발화용 점화회선은 동력선으로부터 분리시킴

⑧ 발파 전 도화선 도통시험 및 발화기 작동상태 점검

⑨ 발파 후 조치사항

• 발파 30분 후 접근

• 환풍기, 송풍기 등을 이용한 환기

• 굴착면 붕락 가능성 및 뜬 돌 제거

• 신규 추가 용수 유무 확인

• 불발화약 점검 및 잔류화약 처리

5. 굴착

1) 굴착방법

① 인력굴착

② 기계굴착

• Ripper 굴착 • Braker 굴착

• TBM 굴착 • 유압 Jack 굴착

• Diamond Wire Saw 굴착

③ 발파굴착

2) 굴착기계

① 전단면 : TBM, Shield, 점보드릴

② 부분단면 : Shovel계 굴착기계

6. 지보공

1) Wire Mesh

① Shotcrete 타설 시 부착력 증가

② Shotcrete의 휨응력에 대한 인장재 역할

③ Shotcrete의 강도 및 자립성 유지

④ Shotcrete의 시공이음부 보강 및 균열 방지

2) Steel Rib

① Shotcrete 경화 시까지 지보효과

② 경화 후 Shotcrete와 함께 지지효과 증진

③ 터널의 형상 유지

3) Shotcrete

① 기능
- 지반의 이완 방지
- 응력의 집중 방지
- 굴착면의 붕괴 방지
- 낙반방지
- 아치형 축력으로 지반의 하중부담
- 부착력에 의한 안정성 확보

② 건식공법
- 시멘트와 골재 등을 비빔 후 압축공기로 노즐에서 물과 교반시켜 뿜어 붙임
- 리바운드 양이 많음
- 재료 손실 많음
- 분진 발생

③ 습식공법
- 물을 포함한 전 재료를 믹서로 비빔 후 노즐로 보내 뿜어 붙이는 공법
- 노즐 막힘 시 청소 어려움

• 분진 발생 적음

④ 리바운드 발생원인

• 물·시멘트비 과다

• 굵은 골재 최대치수 과다

• 타설면 용수

• 분사각도 부적절

• 타설거리 부적절

⑤ 시공 시 유의사항

• 타설면과 노즐은 직각 유지

• 타설면과의 거리는 1m 유지

• 용수발생 지점에는 배수 Pipe, 필터 등을 설치하여 배수 처리

• 철망은 이동, 탈락되지 않도록 견고하게 고정

• 저온, 건조 등 급격한 온도변화가 없도록 주의

⑥ 안전대책

• 굴착 즉시 시공

• 장비 작업반경 내 근로자 접근금지

• 믹서 재료 투입구부 개구부 방호조치

• 가능한 습식공법 적용

• 분진 밀폐식 기계 사용

• 방진마스크 및 보안경 지급

4) Rock Bolt

① 굴착에 의해 이완된 지반을 견고한 지반에 결합

② 낙반 방지

③ 터널 주변 암반의 안전성 향상

7. 용수 대책

1) 용수의 영향

① Shotcrete 부착 불량

② Rock Bolt 정착 불량

③ 지반의 연약화로 인한 지보공의 침하

④ 막장 붕괴

2) 용수 대책 공법

① 배수공법
- 수발갱
- Deep Well 공법
- 수발공
- Well Point 공법

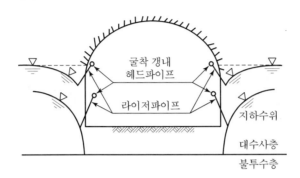

[Well Point 공법에 의한 배수]

② 지수공법
- 주입공법
- 압기공법
- 동결공법

8. 터널계측

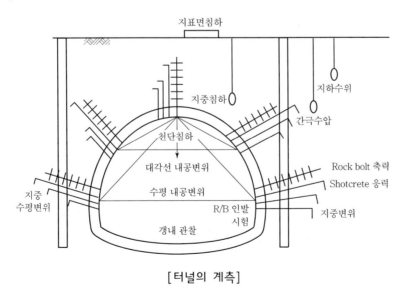

[터널의 계측]

1) 일상계측(A계측)

　① 터널 내 관찰

　② 내공변위

　③ 지표침하

　④ 천단침하

　⑤ Rock Bolt 인발시험

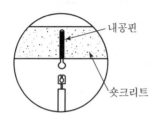 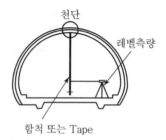

[천단침하 측정]

2) 대표계측(B계측)

　① 지중변위

　② 지중침하

　③ 지중수평변위

　④ 지하수위

　⑤ Rock Bolt 축력 시험

9. 환경 대책

1) 조도 기준

　① 조명시설 설치

　② 작업면 조도기준

위치	조도기준
막장구간	70Lux 이상
터널 중간구간	50Lux 이상
터널 입·출구 수직구	30Lux 이상

　③ 조명시설 점검 및 유지관리

2) 환기 대책

① 환기설비 설치 : 산소농도 18% 이상 유지

② 발파 후 환기

③ 터널 내 투입금지 내연기관 : 환기가스 처리장치가 없는 디젤기관

④ 터널 내 기온 : 37℃ 이하 유지

⑤ 환기계획수립 : 흡기식, 배기식, 흡기+배기식

⑥ 환기설비 정기점검

3) 분진 대책

① 발생원 : 천공, Shotcrete 타설, 발파, 굴착, 버력처리 공종

② 천공 작업 시 대책

- 습식드릴 사용
- 발생분진은 습식으로 제거

③ Shotcrete 타설 시

- 습식공법 적용
- 분진 밀폐식 기계 사용

4) 소음 대책

① 발생원 : 천공, 브레이커 작업

② 저소음 장비 사용

③ 저소음 공법 적용

④ 귀마개 귀덮개 등 방음 보호구 착용

⑤ 소음방지 보호구 착용 시 차음효과

㉠ 강렬한 소음작업

- 90데시벨 이상의 소음이 1일 8시간 이상 발생하는 작업
- 95데시벨 이상의 소음이 1일 4시간 이상 발생하는 작업
- 100데시벨 이상의 소음이 1일 2시간 이상 발생하는 작업
- 105데시벨 이상의 소음이 1일 1시간 이상 발생하는 작업
- 110데시벨 이상의 소음이 1일 30분 이상 발생하는 작업
- 115데시벨 이상의 소음이 1일 15분 이상 발생하는 작업

ⓒ 충격소음작업
- 120데시벨을 초과하는 소음이 1일 1만 회 이상 발생하는 작업
- 130데시벨을 초과하는 소음이 1일 1천 회 이상 발생하는 작업
- 140데시벨을 초과하는 소음이 1일 1백 회 이상 발생하는 작업

ⓒ 안전관리 기준
소음노출 평가, 소음노출 기준 초과에 따른 공학적 대책, 청력보호구의 지급과 착용, 소음의 유해성과 예방에 관한 교육, 정기적 청력검사, 기록·관리 사항 등이 포함된 소음성 난청을 예방·관리하기 위한 종합적인 계획을 수립해 적용한다.

5) 진동 대책

① 발생원 : 천공, 발파, 브레이커, 덤프 작업
② 진동이 발생하는 기계·장비·설비 대체
③ 작업시간 제한
④ 방진용 장갑 등 방진보호구 착용

6) 방재 대책

① 소화시설 설치
② 대피시설 설치
③ 구조시설 설치
④ 통신시설 설치

···03 터널공사의 재해유형과 안전대책

1. 재해유형

1) 추락

① 수직구 이동을 위한 리프트 이용 시
② 천공, 장약 장전 시
③ 강재 지보공 설치 시
④ Rock Bolt 작업 시
⑤ Shotcrete 작업 시

2) 낙석, 낙반

  ① 천공 시

  ② 발파 시

  ③ 굴착 시

  ④ 굴착 후 방치 시

3) 발파사고

  ① 근로자 미대피 시

  ② 장비 운전원 미대피 시

4) 폭발사고

  잔류화약 미확인 시

5) 유독가스 질식

  ① 발파 후 유독가스

  ② 디젤기관 가스

  ③ 지반 유출 유독가스

6) 용수에 의한 붕괴

7) 누전에 의한 감전

8) 장비에 의한 협착, 충돌

9) 지상부 지반붕괴

10) 지상건물 및 도로 침하, 균열

11) 지하수 고갈

12) 지상 도로의 자동차 사고

2. 안전대책

1) 추락재해 방지

  ① 사다리의 작업대 변칙 사용금지

  ② 고소작업 시 구명줄 착용

2) 낙반, 낙석

　　① 지반 상태 점검

　　② 용수 여부 확인

　　③ 부식 정리 후 작업

3) 발파, 폭파 작업 시

　　① 근로자/장비 운전원 대피

　　② 잔류 화약, 장약 확인

4) 유독가스

　　발파 후 환기작업

5) 용수에 의한 붕괴

　　① 수발공 시공

　　② 수발갱 시공

6) 누전에 의한 감전

　　① 전선은 가공 조치

　　② 판넬부 물 침투방지 조치

　　③ 누전 감지기 설치

7) 장비에 의한 협착, 충돌

　　① 후진 시 경보음 작동

　　② 후방 감시 카메라 설치

8) 지상부지반, 건물, 도로침하

　　① 계측기 설치 및 계측

　　② 다량의 용수 발생 시 주변 지반 점검

3. 시공 시 유의사항

1) 계측

　　① 초기치 관리

　　② 주기적인 계측 및 분석

　　③ 계측결과의 Feed Back

2) 1회 굴착에서 라이닝까지 단계별 시공기준 준수

3) 막장면 거동상태 관찰

4) 지보재는 굴착면과 밀착

5) 설계발파 이상 진행 금지

6) 발파 후 지질상태 확인

7) 용수 시 주변지역 관찰 철저

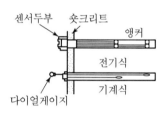

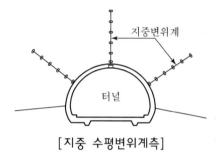

[지중 수평변위계측]

··· 04 TBM 공법

1. 적용성

1) 터널연장 4~5km일 때 가장 경제적
2) 원형단면
3) 연암~경암구간 시공
4) 팽창성 지질 및 파쇄대가 많은 지질 적용 불가
5) 용수가 많은 지형 곤란
6) 곡선이 급한 구간 적용 불가

2. 굴착방식

1) 절삭식

① Button Cutter의 회전력에 의한 굴착

② 암반 압축강도 300~500kg/cm²에 적용

2) 압쇄식

① Disk Cutter의 회전력과 압축력에 의한 굴착

② 압축강도 1,000kg/cm²에 적용

3. TBM 장비 구성

1) 본체 : 파쇄장치

- Cutter Head
- Cutter Head Jack
- Kelly : Inner, Outer

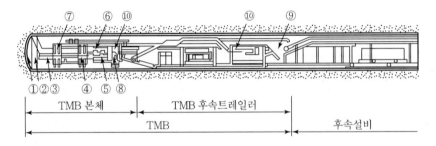

① 커터헤드	② 커터헤드 자켓	③ 이너켈리	④ 아우터켈리
⑤ 추진 실린더	⑥ 커터헤드 드라이브	⑦ 클램핑 패드	⑧ 후방 지지장치
⑨ 벨트 컨베이어	⑩ 집진기		

[TBM의 구성]

4. 시공순서

1) 작업구 굴착

2) TBM 장비 설치

3) TBM 굴착

4) 버력반출

5) 지보공 설치

6) 콘크리트 라이닝 시공

5. 시공 시 주의사항

1) 단층 파쇄대 통과 시 약액 주입으로 지반 고결 후 굴착
2) 용수 많을 경우 수발공, 수발갱 설치
3) 추진 반력 부족 시 약액을 주입하여 지반개량
4) 굴착 후 지보공 즉시 설치로 장비 보호
5) 굴착기계 숙련기술자 확보
6) 장비 주문제작에 의한 반입 및 조립 투입 일정 관리
7) 굴착 후 장비 반출 또는 Back Fill 계획 수립

··· 05 Shield 공법(Shield Driving Method)

1. 적용성

1) 하천, 해저터널
2) 연약지반, 지하수, 용수 통과 지층
3) 붕괴 위험성이 큰 지반
4) 지중 매설물이 많은 지반
5) N치 0~연암층까지 시공가능

2. 주요구성

1) Cutter Head : 굴착 회전 및 막장지지
2) Girder부 : 실드잭을 이용하여 추진
3) Tail부 : 복공 부재 조립 및 굴착토사 배출

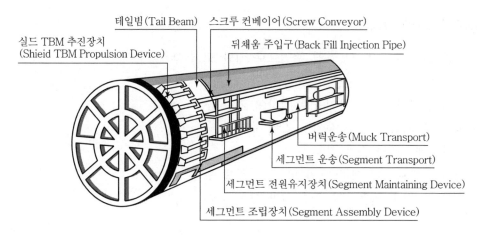

[Shield 구성]

3. 굴착방식

1) 기계굴착 : 전면 동시 굴착

2) 반기계굴착 : 유압 셔블로 막장 일부 굴착

4. 시공순서

1) Shaft 굴착

2) 1차 Lining Concrete

3) Jack 작업으로 전진

4) Segment 조립

5) 2차 Lining Concrete → 반복 시행

5. 시공 시 유의사항

1) 용수대책 강구 : 압기, 지하수위 저하, 약액 주입

2) 갱구부 교통장해

3) 갱구부 소음대책 강구

4) 지반 침하대책

- 뒤채움 즉시 실시
- 뒤채움재 경화 시까지 가압 지속
- 굴착에 의한 개방 면적 최소화

5) 산소결핍 대책

6) 굴착 연약토의 고화 처리 후 반출

7) 공기압 가압 시 잠함병 대책 강구

8) 물이나 토사의 Shield 내 유입 방지

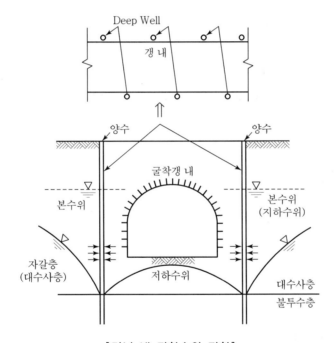

[터널 내 지하수위 저하]

댐공사

··· 01 댐의 분류

1. 콘크리트 댐

1) 중력식 댐(Gravity Dam)

2) 중공식 댐(Hollow Dam)

3) 아치 댐(Arch Dam)

4) 부벽식 댐(Buttress Dam)

5) 롤러다짐 콘크리트 댐(Roller Compacted Con'c Dam)

2. FILL 댐

1) Rock Fill 댐

① 표면 차수벽형

② 내부 차수벽형

③ 중앙 차수벽형

2) Earth 댐

① 균일형

② 심벽형(Core형)

③ Zone형

3. 댐의 단면

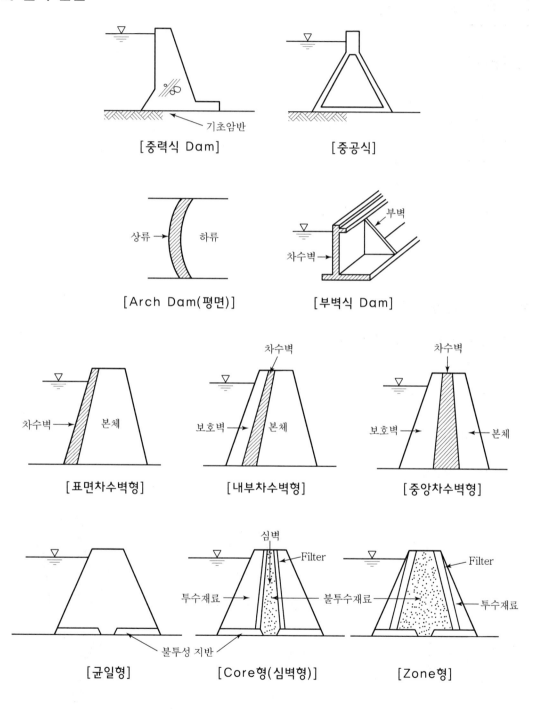

[중력식 Dam]

[중공식]

[Arch Dam(평면)]

[부벽식 Dam]

[표면차수벽형]

[내부차수벽형]

[중앙차수벽형]

[균일형]

[Core형(심벽형)]

[Zone형]

··· 02 댐의 시공

1. 가설비

1) 가물막이

2) 가배수로

3) 제 내 가배수로

4) 조명 및 환기설비

5) 공사용 도로 작업

6) 동력·통신·급수·하수시설 공사

7) 가설건물 축조

8) 자재야적장 확보

2. 유수 전환방식

1) 유수 전환방식 선정 시 고려사항

① 처리 유량

② 지형, 지질 상태

③ 댐 형식 결정

④ 댐 시공방법

⑤ 댐 공사기간 산정

⑥ 홍수에 의한 월류 피해 예측

⑦ 경제성

2) 체절 평면도

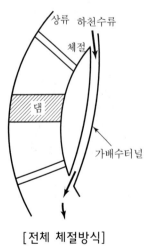

[전체 체절방식]

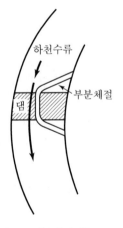

[부분 체절방식]

[가배수로방식]

3) 특징비교

구분	전체 체절방식	부분 체절방식	가배수로방식
공사기간	길다.	짧다.	짧다.
공사비	고가	저렴	가장 저렴
처리유량	적은 곳	많은 곳	비교적 적은 곳
하상폭원	좁은 곳	넓은 곳	넓은 곳

3. 기초처리

1) 기초처리 목적

① 내하력 증대
  - 충분한 지지력 확보
  - 댐 활동 파괴 방지
  - 지반의 취약부 보강
  - 지반변형 억제

② 수밀성 증대
  - 기초부 누수 억제
  - Piping 방지
  - 양압력 경감

2) 시공순서

① 지반조사
② 굴착 : 표토 제거
③ 기초 암반조사 : Lugeon Test(수압시험, 투수량 분포도 작성)
④ 기초 처리공법 결정
⑤ 기초처리(Grouting)
  - Consolidation Grouting : 지반개량
  - Curtain Grouting : 차수 목적
  - Contact Grouting : 댐 본체와 기존 지반 접속부 차수
  - Rim Grouting : 댐 본체 양안 지반 보강
⑥ 결과 확인
⑦ 댐 축조

3) 댐 Grouting 구분

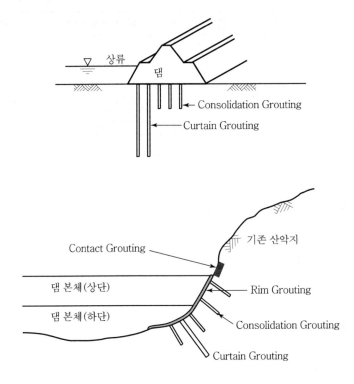

4) 특징비교

구분	Consolidation Grouting	Curtain Grouting
목적	연약지반 개량	차수
시공방법	전면적 시공	댐축방향 상류 측
주입공 배치	격자형태, 2.5~5m 간격	병풍형태, 0.5~3m 간격
주입 심도	얕은 심도(5~10m)	깊은 심도(댐심도)
주입 압력	• 1차 : 저압($3\sim6$kg/cm^2) • 2차 : 고압($6\sim12$kg/cm^2)	정압($5\sim15$kg/cm^2)
개량 목표	• 중력식 : 5~10 Lugeon • Arch : 2~5 Lugeon	• Con'c 댐 : 1~2 Lugeon • Fill 댐 : 2~5 Lugeon

4. 중력식 댐 시공

1) 댐에 작용하는 하중

① 댐 자중

② 정수압

③ 동수압

④ 풍하중, 온도하중

⑤ 양압력

⑥ 파압

⑦ 빙압

⑧ 토사압

⑨ 지진력

2) 댐 콘크리트의 구비 조건

① 내구성

② 수밀성

③ 소요 강도

④ 단위중량이 클 것

⑤ 용적 변화가 적을 것

⑥ 발열량이 적을 것

⑦ 적정 Workability

3) 시공순서

재료준비 → 배합 → 콘크리트 생산 → 운반 → 타설 → 이음 → 양생

4) 시공 시 유의사항

① 재료 및 배합
- 골재는 50~150mm
- 단위수량 적게
- 설계기준강도 : 120~180kg/cm²
- 슬럼프 5cm 이하
- W/C 60% 이내

② 생산
- 시공 장소에 근접한 곳에 위치
- 폐기 콘크리트 처리설비

③ 운반
- 콘크리트 치기장비 : Cable Crane, Jib Crane

- 운반선로의 높이는 댐 계획고보다 높게
- 운반선로는 복선

④ 타설
- Block별 타설 : 15×40m 크기 분할
- Layer별 타설 : 전단면 동시 타설
- Lift 높이 : 1.5m 이내
- Lift 간 타설 간격 : 1주일
- 재료분리 없도록
- 다짐 : 대형 고주파 다짐기, 무한궤도형 다짐기

⑤ 이음
- 수평이음 : 1.5m 표준
- 세로수축이음 : 15~20m(댐축방향)
- 가로이음 : 10~15m

⑥ 양생
- 일반시멘트 : 14일, 고로/실리카 시멘트 : 21일
- Pipe Cooling
- 타설 완료 후 즉시 레이턴스 제거

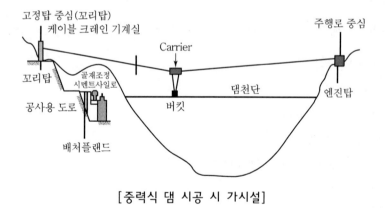

[중력식 댐 시공 시 가시설]

5) 콘크리트 온도관리 방안

① Piping Cooling
② Pre-cooling
③ 자연 열 발산
④ 발열량 저감

··· 03 누수 원인 및 대책

1. 누수 원인

  1) 댐 기초처리 불량
  2) 파쇄대 처리 불량
  3) 부적정 재료 시공
  4) 댐체 다짐 불량
  5) 댐 단면 부족
  6) 투수성이 큰 지반
  7) Core Zone의 시공 불량
  8) 댐체의 구멍 및 균열
  9) 투수층 시공 불량

2. 누수 방지대책

  1) 댐 시공 단계

  ① 적합한 재료 선정
  ② 다짐 철저
  ③ 댐 기초처리 철저
  ④ 단층 및 연약 암반처리 철저
  ⑤ 기초지반조사 철저
  ⑥ 차수벽 시공 철저
  ⑦ Core Zone 시공 철저

  2) 누수 발생 시

  ① 제방폭 확대
  ② 압성토공법 적용
  ③ 불투수성 Blanket 설치
  ④ 비탈면 피복공 시공
  ⑤ Grouting 보강
  ⑥ 배수구 설치

··· 04 댐의 붕괴원인 및 대책

1. 붕괴원인

1) 누수

2) 여수로 관리부실로 인한 월류 발생

3) 기초처리 결함

4) Piping 현상

5) 댐체의 시공불량

6) Core Zone 시공불량

7) Fillter층 시공불량

2. 안전대책

1) 댐 저수용량의 정확한 산정

2) 기초처리기준 준수

3) Piping 발생 방지

   ① Curtain Grouting

   ② Sheet Pile

   ③ Blanket 설치

   ④ 제방폭 확대

4) 댐체 시공기준 준수

5) Core Zone 시공기준 준수

6) 지형, 지반을 고려한 공법 선정기준

   ① Concrete 댐 : 견고한 기초지반, 협곡

   ② Fill 댐 : 기초지반 불량, 넓은 부지, 계곡, 재료 구득의 용이함

항만 / 하천공사

1장 항만공사
2장 하천공사

항만공사

··· 01 항만구조물 분류

1. 방파제

1) 경사제

① 사석식

② Block식

2) 직립제

① Caisson식

② Block식

③ Cellular Block식

④ Concrete 단괴식

3) 혼성식

① Caisson식

② Block식

③ Cellular Block식

④ Concrete 단괴식

2. 계류시설

1) 중력식

① Caisson식

② Block식

③ L형 Block식

④ Cell Block식

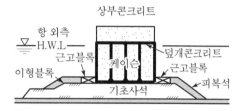

(a) 케이슨식 혼성제

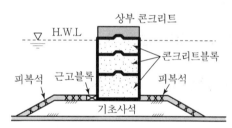

(b) 콘크리트 블록식 혼성제

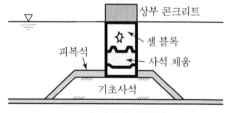

(c) 셀 블록식 혼성제

2) 널말뚝식

   ① 보통 널말뚝식

   ② 자립 널말뚝식

   ③ 경사 널말뚝식

   ④ 이중 널말뚝식

3) Cell식

4) 잔교식

5) 부잔교식

6) Dolphin식

7) 계선부표

3. 방사제

4. 해안제방(방조제)

5. 갑문시설 / 수문 / 도류제

··· 02 방파제

1. 설치목적

1) 파랑의 방지

2) 파랑, 조수에 의한 토사이동 방지

3) 해안 토사의 바다로 유출 방지

4) 바다로부터 토사 유입 방지

2. 설계 시 고려사항

1) 파랑 높이
2) 수심 및 간조, 만조 시 수위
3) 지반상태
4) 항 내의 정온 정도
5) 바람 세기
6) 주변 지형 및 환경에의 영향

3. 공법 선정 시 고려사항

1) 방파제 배치조건
2) 주변 지형조건
3) 시공조건
4) 경제성
5) 공사기간
6) 공사재료의 조달성
7) 이용도
8) 유지관리성
9) 친환경성

4. 공법별 특징

1) 경사제 방파제의 특징

① 연약지반에 적합함
② 시공법이 간단함
③ 유지보수 용이
④ 수심이 얕고 파가 크지 않은 곳에 적합함
⑤ 수심이 높은 곳, 파고가 큰 곳은 사석이 많이 소요
⑥ 제체 투과 파랑에 의한 항 내 교란 발생

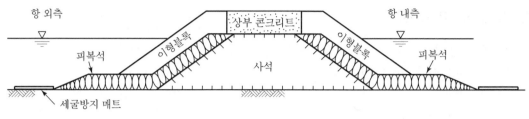

[사석식 경사제]

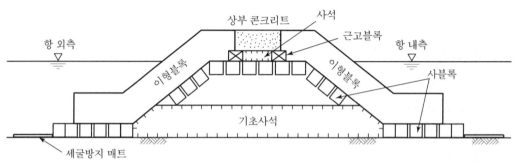

[Block식 경사제]

2) 직립제 방파제의 특징

① 사석재 소요가 적음

② 파력에 강함

③ 유지보수비 저렴

④ 방파제 내측을 계류시설로 사용 가능

⑤ 연약지반에 부적합

⑥ Caisson의 경우 제작, 설치에 많은 시설 장비 소요

⑦ 수심이 깊은 곳에서는 공사비 불리

⑧ 반사파가 많이 발생

⑨ 기초 세굴의 우려 있음

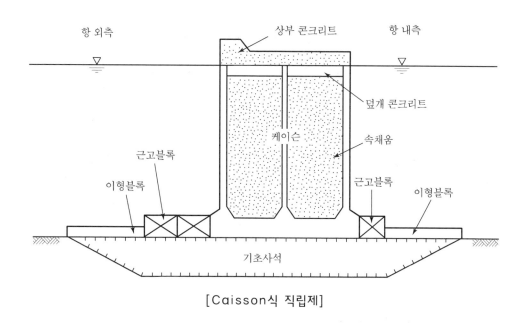

[Caisson식 직립제]

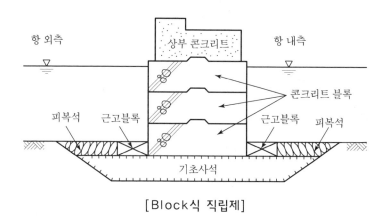

[Block식 직립제]

3) 혼성식 방파제의 특징

① 연약지반에 적합

② 수심이 깊은 곳에 적합

③ 사석제의 단점인 사석 파괴를 상부 직립부에서 방지

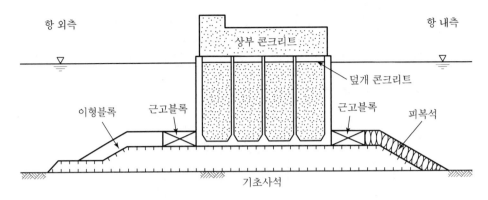

[Caisson식 혼성제]

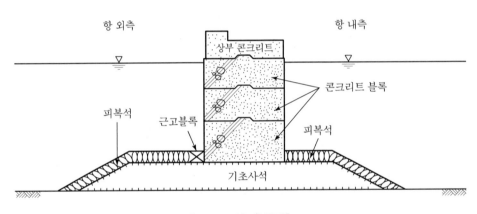

[Block식 혼성제]

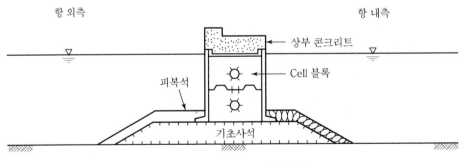

[Cellular Block식 혼성제]

5. 혼성 방파제의 시공

1) 시공 구조도

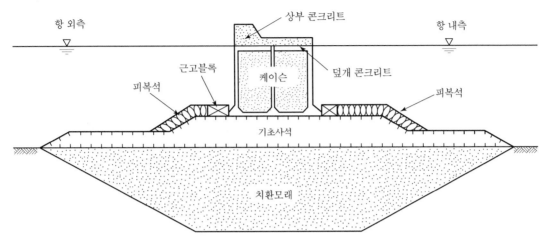

[Caisson식 혼성제(연약지반)]

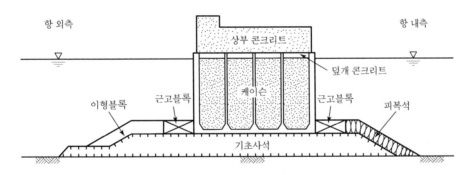

[Caisson식 혼성제(사질지반)]

2) 시공순서 Flow Chart

① 기초공
  • 지반개량
  • 기초사석공
  • 세굴방지공
  • 근고 Block공
  • 사면피복

② 본체공(Caisson)
  • 제작장 부설
  • Caisson 제작
  • 진수
  • 운반
  • 가거치
  • 부상
  • 거치
  • 속채움
③ 상부공
  • 하층
  • 상층

3) 기초시공 시 유의사항

① 기초사석 투하 목적
  • 기초지반 정리
  • 지지력 확보
  • 지반개량
  • 상부 구조물 개량
  • 침하방지
② 기초 시공 시 유의사항
  • 사석하부 기초지반처리 철저
  • 사석부 마루는 가능한 높지 않게
  • 사석두께는 1.5m 이상
  • 사석부 어깨폭은 5m 이상
  • 활동에 대한 검토
  • 원호활동 방지
  • 침하검토
  • 주변환경 고려
  • 항 내 교란이 없도록
  • 사석 투입 시 표류방지
  • 생태계 파괴 방지

··· 03 계류시설

1. 공법별 특징

1) 중력식 계류시설의 특징

① Caisson식
- 육상에서 제작한 Caisson을 해상으로 운반 설치
- 강력한 토압에 버팀
- 구조체의 품질확보 가능
- 속채움재 저렴
- Caisson 제작 설비비가 고가
- 충분한 수심 필요

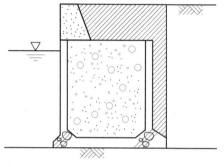

[Caisson식]

② Block식
- 대형 콘크리트 블록을 쌓아서 시공
- 강력한 토압에 버팀
- 지반이 연약한 곳은 침하로 불리
- 콘크리트 블록 품질확보 가능
- 설치 시 대형 크레인 필요

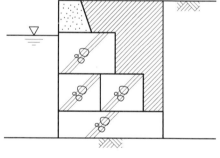

[Block식]

③ L형 블록식(L-Shaped Block Type)
- 육상에서 L형 블록을 만들어서 블럭 저판상에 흙 또는 조립토를 채워 채움토의 중량으로 버팀
- 흙 또는 조립석 활용
- 수심이 얕은 경우에 경제적임
- 지반이 연약한 곳은 침하로 불리

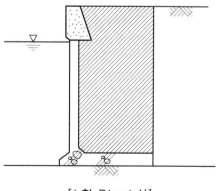

[L형 Block식]

④ Cell Block식(Cell Block Type)
- 철근콘크리트로 제작한 상자형 내부에 속채움하여 버팀
- 흙 또는 조립석 활용
- 수심이 얕은 경우에 경제적임
- 지반이 연약한 곳은 침하로 불리

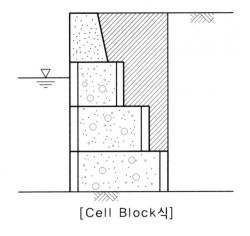

[Cell Block식]

2) 널말뚝식 계류시설의 특징

① 보통 널말뚝식
- 전면에 널말뚝을 박은 후 후면에 설치한 버팀공에 연결
- 버팀공과 널말뚝의 근입부의 저항력에 의해 버팀

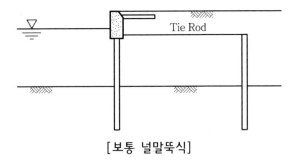

[보통 널말뚝식]

② 자립 널말뚝식
- 널말뚝 후면에 버팀공이 없음
- 널말뚝 근입부의 저항력에 의해 버팀

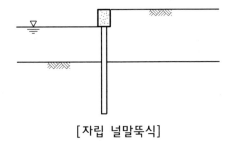

[자립 널말뚝식]

③ 경사 널말뚝식
- 널말뚝과 일체로 경사지게 박은 말뚝의 저항에 의해 버팀

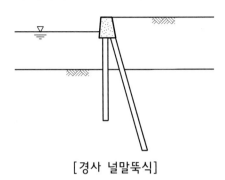

[경사 널말뚝식]

④ 이중 널말뚝식
- 널말뚝을 이중으로 박아 그 두부를 Tie Rod 또는 Wire로 연결하여 버팀
- 양쪽을 계선안으로 사용 가능

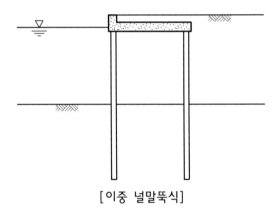

[이중 널말뚝식]

3) Cell식 계류시설의 특징

① 직선형 널말뚝을 원 또는 기타 형태로 폐합시켜, 속채움으로 흙 또는 조립석으로 채움
② 비교적 큰 토압에 저항
③ 수심이 깊은 곳에 유리

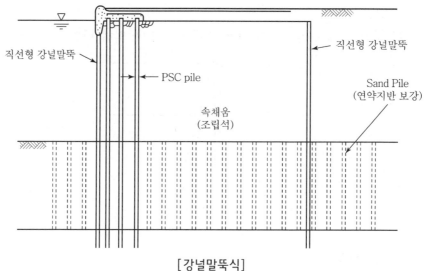

[강널말뚝식]

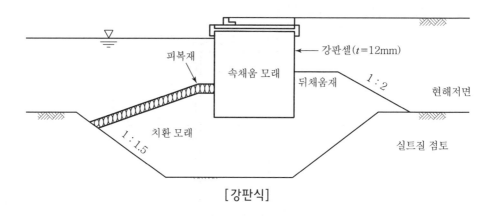

[강판식]

4) 잔교식 계류시설의 특징

① 잔교의 종류
- 횡잔교 : 해안선에 나란하게 축조, 토압을 받음
- 돌제식 : 해안선에 직각으로 축조, 토압을 받지 않음

② 지반이 약한 곳에서도 적합

③ 기존 호안이 있는 곳은 횡잔교가 유리

④ 토류사면과 잔교를 조합한 구조로 공사비 고가

⑤ 수평력에 대한 저항력이 약함

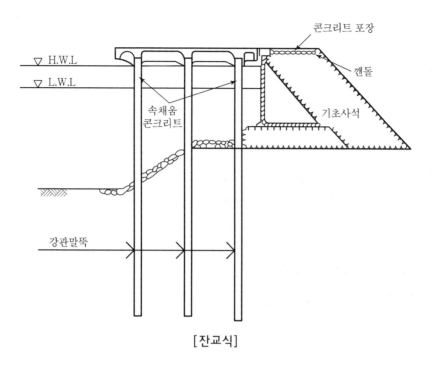

[잔교식]

5) 부잔교식 계류시설의 특징

① Pontoon(부함)을 물에 띄워서 계선안으로 사용하는 것으로 조차가 클 경우에 적용
② 철제와 철근 콘크리트제가 있음
③ 육지와의 사이에는 가동교에 의해 연결

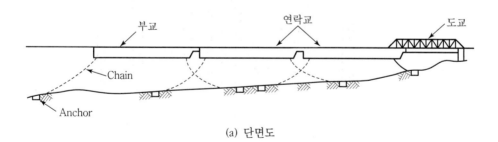

(a) 단면도

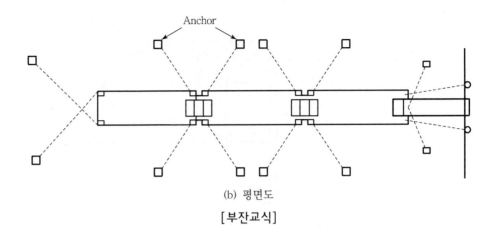

(b) 평면도

[부잔교식]

6) Dolphin식 계류시설의 특징

① 해안에서 떨어진 바다 가운데에 말뚝 또는 주상 구조물을 만들어 계선안으로 사용
② 종류에는 말뚝식과 Caisson식이 있음
③ 구조가 간단
④ 공사비가 저렴
⑤ 선박의 충격에 저항할 수 있는 구조로 설계

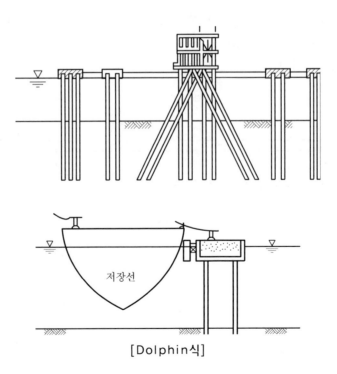

저장선

[Dolphin식]

7) 계선부표식(Mooring Buoy) 계류시설의 특징

① 주로 박지 내에 설치

② 해저에 Anchor 또는 추(Sinker)를 만들어 줄을 연결하고 부표를 띄워서 선박을 계류시킴

③ 종류에는 침추식, 묘쇄식, 침추묘쇄식이 있음

④ 침추묘쇄식이 가장 많이 이용

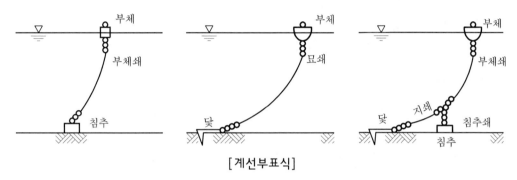

[계선부표식]

2. 계류시설 시공 시 안전대책

1) 중력식 계류시설 시공 시

① 하상굴착 오차 준수

- 저면 : 0.3m
- 사면 내측 : 0.3m
- 사면 외측 : 0.2m

② 기초사석 투입 시 요철 없고 수평으로 고르기 충분히

③ 가능한 사석 거치 이음눈은 가능한 작게

④ 뒤채움재는 양질 재료로 시공

2) 널말뚝식 계류시설 시공 시

① 널말뚝 타입 중 경사, 두부압축, 근입부족, 근입 과잉 시 중지할 것

② 띠장재는 타입말뚝 실측 후 현장에 맞도록 가공하여 시공

③ Tie Rod의 시공은 최대한 신속히

④ 뒤다짐공은 토압을 줄일 수 있는 재료 사용

⑤ 뒤채움은 뒤다짐재료 투입 완료 후 층별로 시공

⑥ 전면준설의 경우 규정 수심 이상 굴착 금지

3) Cell식 계류시설 시공 시 유의사항

① Cell 널말뚝의 타입은 1개소만 끝까지 타입하지 말고, 전체를 비슷한 깊이로 타입
② 속채움은 양질의 재료를 사용하여 충분히 다짐
③ 상부공 지지함은 속채움 다짐 후 시행

4) 잔교식 계류시설 시공 시 유의사항

① 사면 피복석은 파랑에 이탈되지 않도록 시공 철저
② 항타 시 근입 부족, 항타 불량, 각도 불량이 없도록 시공
③ 강관 말뚝 방청처리가 벗겨지지 않도록 시공

5) 부잔교식(Pontoon) 계류시설 시공 시 유의사항

① Pontoon은 내구성, 수밀성, 내충격성을 고려하여 형식 선정
② Pontoon의 규격은 화물 및 여객에 충분한 넓이와 안정성 확보
③ Pontoon의 안정성은 만재 하중 시 Pontoon 높이의 10% 침수 이내일 것

··· 04   기초사석공

1. 해중 기초의 종류

1) 사석기초 공법
2) 말뚝기초 공법
3) 심층혼합기초 공법
4) MAT 공법 : Geo-textile, 철근망
5) 침상 공법

2. 기초공의 종류

1) 기초 터파기
2) 기초사석 투하
3) 기초석 고르기

3. 기초 터파기

1) 목적

- 소요 지지력 확보
- 수심 확보

2) 기초굴착 장비 선정 시 고려사항

- 토질, 토량
- 공사기간
- 투기장 위치

3) 굴착장비

- Pump 준설선
- Grab 준설선
- Bucket 준설선
- Dipper 준설선

4) 굴착 시 유의사항

- 해양오염 방지
- 오탁방지망 설치
- 굴착 계획고 준수 여부
- 상류에서 하류로 굴착

4. 기초사석 투하

1) 투하방법

- 해상투하 : Barge선이나 토운선 이용
- 육상투하 : 육상에 접한 쪽부터 투하

2) 투하 시 고려사항

- 조석간만, 조류, 파랑 고려
- 지질상태 고려

3) 기초사석의 투하목적

- 세굴 방지
- 상부구조의 하중분배 및 전달
- 상부구조 거치 시 지반의 안정

4) 사석 투하 시 유의사항

- 투하구역 표시 점검
- 투하량 확인
- 편투하 금지
- 투하 시 유실 방지
- 부유물 확산 방지

5. 사석 고르기

1) 사석 고르기 작업 시 고려사항

수심, 탁도, 유속, 파랑

2) 문제점

- 공기가 길다.
- 작업능률 저조
- 안전사고 빈발

3) 기초사석 여유고

- 상부공 거치 후 20~40cm 침하
- 침하량 고려 여성고

4) 사석 투입량 결정방법

- Barge선량 검수
- 수중 음향측정기 측정
- 측심대 사용

5) 시공 시 유의사항

- 기초 고르기 : 바닥 균등, 평탄 포설
- 속 고르기 : 계획경사로 고르기

- 피복석 고르기 : 주변 피복석과 서로 맞물리게 시공
- 피복석 고르기 마루높이 허용오차 : ±30cm

6. 기초 사석공 시공 시 유의사항

1) 연약지반 보강대책 강구
2) 천단부 침하고려 : 20~40cm
3) 사석 천단부 평탄성 고려 잠수부에 의한 마감
4) 사석 천단부 1m 정도 잔자갈 또는 작은 사석 채움
5) 기상 악화 시 시공중단
6) 사석 투하 확인은 잠수부가 직접 함

···05 가물막이공(가체절)

1. 가물막이 공법 선정 시 고려사항

1) 지수성
2) 수압, 토압에 대한 안정성
3) 가물막이 내에서의 작업성
4) 철거의 용이성
5) 소음, 진동 없는 공법
6) 경제성
7) 시공성

2. 가물막이 공법 분류

1) 중력식

① 댐식   ② Box식
③ Caisson식   ④ Cellular Block식
⑤ Corrugated Cell식

2) Sheet Pile식

① 자립식   ② Ring Beam식
③ 한 겹 Sheet Pile식   ④ 두 겹 Sheet Pile식
⑤ Cell식

3. 공법별 특징

1) 댐식

① 토사 제방 축조 형식
② 수심이 얕은(3m 이내) 단기간의 공사에 적합
③ 구조가 단순하고, 재료 구득이 쉬움
④ 넓은 부지가 필요
⑤ 공사비 저렴

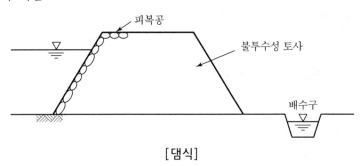

[댐식]

2) Box식

① 나무나 철제의 Box를 설치한 후 돌을 채우는 방법
② 기초가 암반인 소규모 공사에 적합
③ 지수성이 낮음
④ 보수 용이

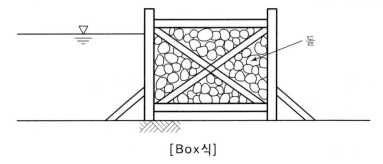

[Box식]

3) Caisson식

① 육상에서 제작한 Caisson을 거치한 후 속채움
② 수심이 깊은 경우 적용
③ 물막이 안전성 높음
④ 시공속도 빠름
⑤ 공가비 고가

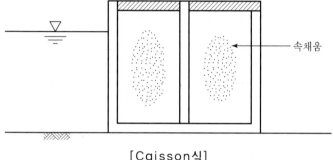

[Caisson식]

4) Cellular Block(중공 Block)식

① 작게 분할된 Cellular Block 사용
② 조류 조건이 나쁠 경우 적용
③ 연약지반에 적용 불가
④ Caisson보다 지수성 뒤짐
⑤ Caisson보다 공사비 저렴

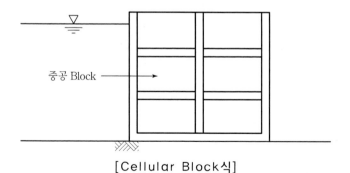

[Cellular Block식]

5) Corrugated Cell식

① 주름진 강판으로 육지에서 Cell을 제작 운반 후 토사로 속채움
② 시공이 비교적 간단
③ 안전성 좋음
④ 시공속도 빠름

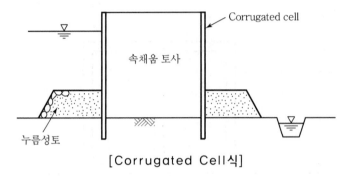

[Corrugated Cell식]

6) 자립식

① Sheet Pile 자체가 버팀 없이 수압에 저항
② 부지가 작게 소요
③ 연약지반에는 적용 불가
④ 깊은 수심에 부적합

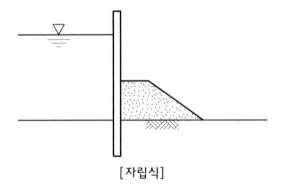

[자립식]

7) Ring Beam식

① Sheet Pile과 원형의 빔으로 저항
② 수심 5~10m의 교각기초에 주로 적용
③ 시공속도 빠름
④ 경제적임

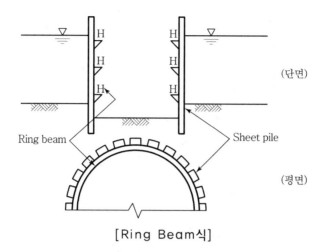

[Ring Beam식]

8) 한 겹 Sheet Pile

① Sheet Pile과 Strut에 의해 수압에 저항
② 수심 5m 정도에 유리
③ 지반이 좋고 소규모인 곳에 유리

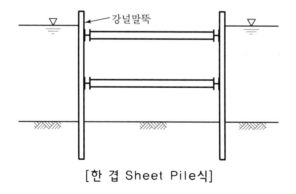

[한 겹 Sheet Pile식]

9) 두 겹 Sheet Pile

① Sheet Pile을 2열로 타입하고, Tie Rod로 연결한 후 그 사이에 모래, 자갈로 속채움하여 저항
② 수심 10m 정도에 적합
③ 대규모 물막이에 적용
④ 지수성이 양호
⑤ Heaving, Piping에 대한 안정성 양호

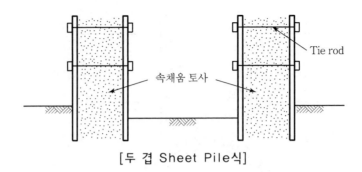

[두 겹 Sheet Pile식]

10) Cell식

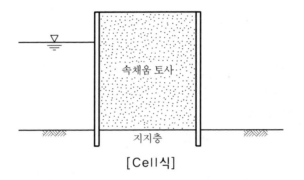

[Cell식]

4. 시공 시 유의사항(안전대책)

1) 사전조사 철저

① 가물막이의 기초부 지질 및 지형 상태
② 홍수 시 최대수위 및 유량 산정
③ 공사기간

2) 기초지반 처리 철저

① 기초암반부에 누수 없도록 처리
② 연약지반의 경우 침하가 없도록 처리

3) 제체시공 관리 철저

① 성토 다짐 관리 철저
② 제체 누수 없도록 시공 관리

4) 공사 가능 시기에 작업

① 호우기간 피할 것

② 태풍 및 홍수 시 작업 중지

③ 호우, 홍수 시 제체 안정대책 강구 및 조치

5) 가물막이 높이 여유고 산정

① 가배수로 유량을 고려한 물막이 높이 산정

② 월류 시 제체 붕괴 방지대책 반영

6) 홍수 시 안전성 재검토

5. 해상작업 시 안전대책

1) 기상조건

① 강풍 : 평균 풍속 15m/sec 이상 시 작업중지

② 강우 : 일 강우량 10mm 이상 시 작업중지

③ 안개 : 시계 1km 이하 시 선반운행 금지

2) 해상조건

① 파도 : 파고 1.0m 이상 시 작업중지

② 조류 : 조류속도 4노트 이상 시 작업중지

③ 조위차 : 기상청 발표 조위차 관리를 통한 작업시간 결정

하천공사

··· 01 호안공

1. 정의

제방 또는 하안을 유수에 의한 유실과 침식에서 보호하기 위해 비탈면에 설치하는 제방 보호 구조물

2. 호안의 종류

1) 고수호안
2) 저수호안
3) 제방호안

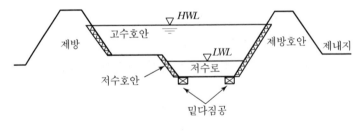

[호안 단면]

3. 호안의 구조

1) 비탈면 덮기공

① 하안 및 제체의 세굴 방지 목적
② 제체 내 물의 침투 방지 목적
③ 제방 붕괴 방지

2) 비탈 멈춤공

① 비탈면 덮기공을 지탱함

② 비탈면 덮기공의 침하, 활동 방지

3) 밑다짐공

① 하안의 세굴 방지

② 호안기초 안정

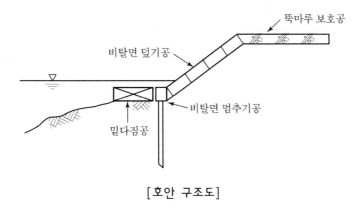

[호안 구조도]

4. 호안공법의 분류

1) 비탈면 덮기 공법

① 돌붙임공, 돌쌓기공

② 콘크리트 블록 붙임공, 콘크리트 블록 쌓기공

③ 콘크리트 비탈틀공

④ 돌망태공

2) 비탈 멈춤 공법

① 콘크리트 기초

② 널판 바자공

③ 말뚝 바자공

3) 밑다짐 공법

① 사석공

② 침상공

③ 콘크리트 블록 침상공

④ 돌침상공

5. 호안공법의 종류별 특성

1) 돌붙임공, 돌쌓기공

① 비탈경사가 1 : 1보다 급한 경우를 돌쌓기공, 완만한 경우를 돌붙임공이라 함

② 재료로는 견치돌, 깬돌, 원석, 호박돌 사용

③ 경사가 완만한 곳은 메쌓기, 수세가 급한 곳은 찰쌓기

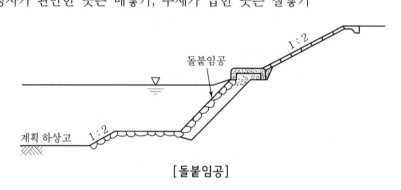

[돌붙임공]

2) 콘크리트 블록 붙임공, 콘크리트 블록 쌓기공

① 석재 조달이 용이하지 못할 경우

② 돌붙임공과 돌쌓기공에 준해 시공

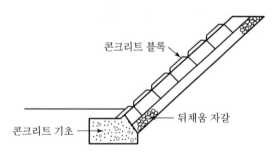

[콘크리트 블록 붙임공]

3) 콘크리트 비탈틀공

① 철근콘크리트 틀에 바닥콘크리트를 시공 후, 쇄석 채움
② 비탈이 1 : 2보다 완만한 경사일 경우

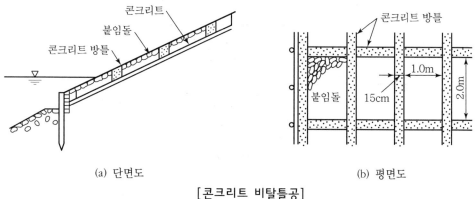

(a) 단면도   (b) 평면도

[콘크리트 비탈틀공]

4) 돌망태공(Gabion공)

① 직경 3~4mm 정도의 철선으로 망태를 짜서 속에 잔돌을 채움
② 시공성 양호
③ 내구성 부족
④ 견치돌, 호박돌을 구하기 어려운 곳에 유리

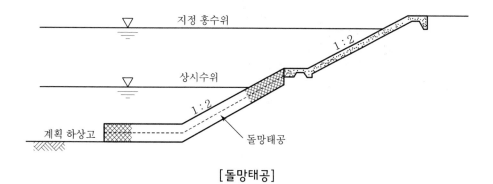

[돌망태공]

5) 콘크리트 기초

① 돌붙임공, 돌쌓기공, 콘크리트 블럭공 등의 기초에 적용

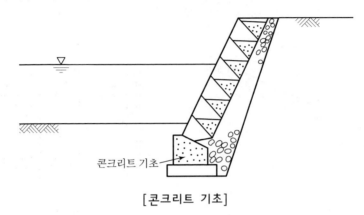

[콘크리트 기초]

6) 널판바자공

① 일정간격으로 말뚝을 박고 널판바자를 만든 후 호박돌, 자갈을 채움
② 수심이 얕은 곳에 적용
③ 완류부에 유리

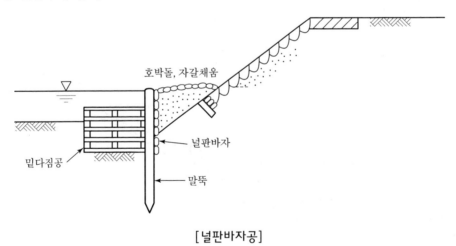

[널판바자공]

7) 말뚝바자공

① 일정한 간격으로 어미 말뚝을 박고, 배면에 통나무바자를 설치한 후 고정말뚝을 박음
② 바자공법 중 가장 견고함

8) 사석공

① 법면에 큰 돌을 두껍게 쌓은 후 표면을 고르기 함

② 가장 간단한 공법

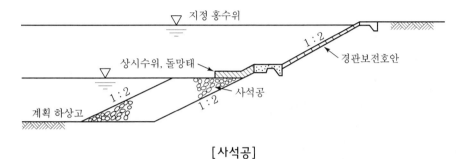

[사석공]

9) 침상공

① 섶침상 : 완류 하천에 적용

② 목공침상 : 급류 하천에 적용

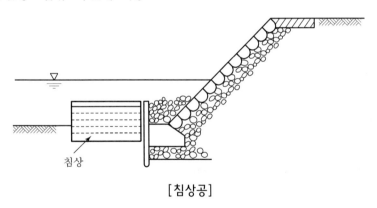

[침상공]

10) 콘크리트 블록 침상공

① 콘크리트 블록이 서로 맞물리게 시공

② 십자블록, Y블록, H블록 등이 있음

11) 돌침상공

① 밑다짐공으로 적용

② 시공 용이

6. 호안 시공 시 유의사항

1) 급류하천은 전면적인 호안 시공
2) 기초 세굴 방지에 유의
3) 뒤채움재는 입도가 양호한 재료 사용
4) 호안머리공 시공 검토
5) 밑다짐공 시공철저
6) 비탈길이 10m마다 소단 설치
7) 호안 표면이 흩어지지 않도록 시공
8) 하천구조물의 상하류 시공 철저
9) 제방호안의 높이계획 홍수위까지
10) 호안 표면은 적당한 요철 시공

7. 호안의 붕괴원인 및 대책

1) 붕괴원인
- 기초부 세굴
- Piping 현상
- 사면 붕괴
- 다짐 불량
- 성토재료 불량
- 뒤채움 토사유출
- 비탈덮기 돌붙임공 시 작은 사석 사용
- 둑마루 보호공 파괴
- 제방 침식
- 동물에 의한 구멍
- 토압 수압이 큰 경우
- 호안구조 변화 지점

2) 방지대책
- 기초의 충분한 근입깊이 확보
- 밑다짐공 시공 철저
- 뒤채움 재료로 양질토 사용

- 뒤채움 다짐 철저
- 와류 예상지점 시공 철저
- 뚝마루 시공 철저

① 비탈면 안정 검토

유수속도가 빠르거나 간만의 차가 큰 감조부에서는 구배설계 시 완만한 구배 유도

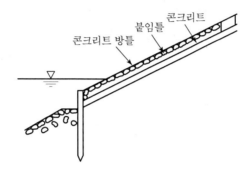

② 구조 이음눈 설치

종단방향에 10~20cm 간격으로 구조 이음눈 설치로써 비탈덮기 밑부분의 파괴가
일어나지 않도록 함

③ 완화구간 설치

- 신설한 호안과 종래의 호안 사이에 완화구간 설치
- 호안 양단부에서의 세굴과 비탈덮기 이면의 토사유출 방지

④ 호안머리 보호공 설치

호안머리 비탈공의 세굴을 방지하기 위해서 호안머리 보호공 설치

··· 02 하천 제방

1. 제방 구조 단면

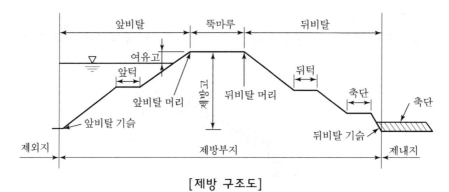

[제방 구조도]

2. 제방이 갖출 조건

1) 홍수 시 월류 방지
2) 유속에 의한 세굴 방지
3) 하천수 급강하 시 비탈면 안정
4) 연약지반에 축조 시 침하 안정
5) 누수나 Piping에 안정
6) 제방 함수비 상승 시 비탈면 붕괴 금지

3. 제방의 누수조사

1) 제체 및 기초 지반의 토질조사
2) 시료 채취 및 실내시험
3) Sounding, 투수시험, 지하수위조사
4) 모형시험

4. 제방 누수방지 공법 선정 시 고려사항

1) 경제성
2) 지수효과

3) 시공성

4) 주변의 영향

5. 제방의 누수원인

1) 제방 단면의 과소

2) 성토재료의 부적정

3) 차수벽 미시공

4) 제체의 다짐 불량

5) 제체에 구멍 발생

6) 구조물 접합부의 다짐 불량

7) 투수성이 큰 기초지반 위 시공

8) 제체 표토의 세굴

9) 불투수층 두께의 부족

10) 기초 지반침하

11) 제방고 낮아 월류 시

12) 제외 측 보호공 미시공 및 부실

6. 제방의 누수방지 대책

1) 제방단면 확대

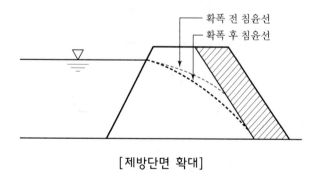

[제방단면 확대]

2) 재료 선정 시 투수성이 낮은 재료

3) 제 외측 비탈면 피복 정밀 시공

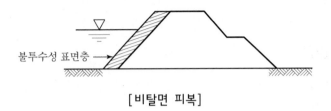

[비탈면 피복]

4) 차수벽 설치

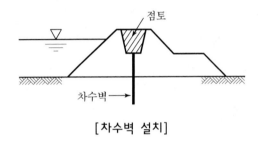

[차수벽 설치]

5) 성토 다짐관리 철저

6) 투수성 지반 시 보강 후 제체 시공

7) 제 내측 압성토

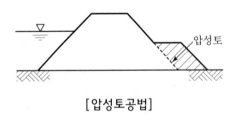

[압성토공법]

8) 제 외측에 Blank 시공

[Blanket 공법]

9) 제 내측 배수로 설치

[배수로 설치]

10) 제 외측 Sheet Pile 등 지수벽 시공

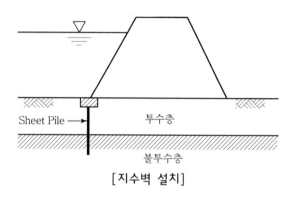

[지수벽 설치]

11) 제 내측 비탈끝 보강

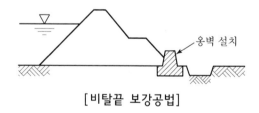

[비탈끝 보강공법]

12) 제 내측 집수정 설치

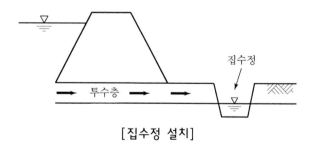

[집수정 설치]

13) 수제의 설치

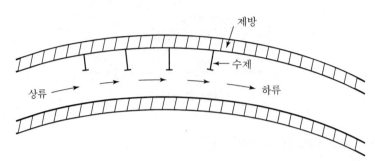

부록

산업안전보건기준에 관한 규칙

합격답안 작성용 모식도

산업안전보건기준에 관한 규칙(약칭 : 안전보건규칙)

[시행 2024. 1. 1] [고용노동부령 제399호, 2023. 11. 14., 일부개정]

제1편 총칙

제2장 작업장

제13조(안전난간의 구조 및 설치요건)

사업주는 근로자의 추락 등의 위험을 방지하기 위하여 안전난간을 설치하는 경우 다음 각 호의 기준에 맞는 구조로 설치해야 한다. 〈개정 2015. 12. 31., 2023. 11. 14.〉

1. 상부 난간대, 중간 난간대, 발끝막이판 및 난간기둥으로 구성할 것. 다만, 중간 난간대, 발끝막이판 및 난간기둥은 이와 비슷한 구조와 성능을 가진 것으로 대체할 수 있다.

2. 상부 난간대는 바닥면·발판 또는 경사로의 표면(이하 "바닥면 등"이라 한다)으로부터 90센티미터 이상 지점에 설치하고, 상부 난간대를 120센티미터 이하에 설치하는 경우에는 중간 난간대는 상부 난간대와 바닥면 등의 중간에 설치해야 하며, 120센티미터 이상 지점에 설치하는 경우에는 중간 난간대를 2단 이상으로 균등하게 설치하고 난간의 상하 간격은 60센티미터 이하가 되도록 할 것. 다만, 난간기둥 간의 간격이 25센티미터 이하인 경우에는 중간 난간대를 설치하지 않을 수 있다.

3. 발끝막이판은 바닥면 등으로부터 10센티미터 이상의 높이를 유지할 것. 다만, 물체가 떨어지거나 날아올 위험이 없거나 그 위험을 방지할 수 있는 망을 설치하는 등 필요한 예방 조치를 한 장소는 제외한다.

4. 난간기둥은 상부 난간대와 중간 난간대를 견고하게 떠받칠 수 있도록 적정한 간격을 유지할 것

5. 상부 난간대와 중간 난간대는 난간 길이 전체에 걸쳐 바닥면 등과 평행을 유지할 것

6. 난간대는 지름 2.7센티미터 이상의 금속제 파이프나 그 이상의 강도가 있는 재료일 것

7. 안전난간은 구조적으로 가장 취약한 지점에서 가장 취약한 방향으로 작용하는 100킬로그램 이상의 하중에 견딜 수 있는 튼튼한 구조일 것

제17조(비상구의 설치)

① 사업주는 별표 1에 규정된 위험물질을 제조·취급하는 작업장(이하 이 항에서 "작업장"이라 한다)과 그 작업장이 있는 건축물에 제11조에 따른 출입구 외에 안전한 장소로 대피할 수 있는 비상구 1개 이상을 다음 각 호의 기준을 모두 충족하는 구조로 설치해야 한다. 다만, 작업장 바닥면의 가로 및 세로가 각 3미터 미만인 경우에는 그렇지 않다. 〈개정 2019. 12. 26., 2023. 11. 14.〉

1. 출입구와 같은 방향에 있지 아니하고, 출입구로부터 3미터 이상 떨어져 있을 것

2. 작업장의 각 부분으로부터 하나의 비상구 또는 출입구까지의 수평거리가 50미터 이하가 되도록 할 것. 다만, 작업장이 있는 층에 「건축법 시행령」 제34조 제1항에 따라 피난층(직접 지상으로 통하는 출입구가 있는 층과 「건축법 시행령」 제34조 제3항 및 제4항에 따른 피난안전구역을 말한다) 또는 지상으로 통하는 직통계단(경사로를 포함한다)을 설치한 경우에는 그 부분에 한정하여 본문에 따른 기준을 충족

한 것으로 본다.

3. 비상구의 너비는 0.75미터 이상으로 하고, 높이는 1.5미터 이상으로 할 것

4. 비상구의 문은 피난 방향으로 열리도록 하고, 실내에서 항상 열 수 있는 구조로 할 것

② 사업주는 제1항에 따른 비상구에 문을 설치하는 경우 항상 사용할 수 있는 상태로 유지하여야 한다.

제20조(출입의 금지 등)

사업주는 다음 각 호의 작업 또는 장소에 울타리를 설치하는 등 관계 근로자가 아닌 사람의 출입을 금지해야 한다. 다만, 제2호 및 제7호의 장소에서 수리 또는 점검 등을 위하여 그 암(arm) 등의 움직임에 의한 하중을 충분히 견딜 수 있는 안전지지대 또는 안전블록 등을 사용하도록 한 경우에는 그렇지 않다. 〈개정 2019. 10. 15., 2022. 10. 18., 2023. 11. 14.〉

1. 추락에 의하여 근로자에게 위험을 미칠 우려가 있는 장소

2. 유압(流壓), 체인 또는 로프 등에 의하여 지탱되어 있는 기계·기구의 덤프, 램(ram), 리프트, 포크(fork) 및 암 등이 갑자기 작동함으로써 근로자에게 위험을 미칠 우려가 있는 장소

3. 케이블 크레인을 사용하여 작업을 하는 경우에는 권상용(卷上用) 와이어로프 또는 횡행용(橫行用) 와이어로프가 통하고 있는 도르래 또는 그 부착부의 파손에 의하여 위험을 발생시킬 우려가 있는 그 와이어로프의 내각측(內角側)에 속하는 장소

4. 인양전자석(引揚電磁石) 부착 크레인을 사용하여 작업을 하는 경우에는 달아 올려진 화물의 아래쪽 장소

5. 인양전자석 부착 이동식 크레인을 사용하여 작업을 하는 경우에는 달아 올려진 화물의 아래쪽 장소

6. 리프트를 사용하여 작업을 하는 다음 각 목의 장소

   가. 리프트 운반구가 오르내리다가 근로자에게 위험을 미칠 우려가 있는 장소

   나. 리프트의 권상용 와이어로프 내각측에 그 와이어로프가 통하고 있는 도르래 또는 그 부착부가 떨어져 나감으로써 근로자에게 위험을 미칠 우려가 있는 장소

7. 지게차·구내운반차·화물자동차 등의 차량계 하역운반기계 및 고소(高所)작업대(이하 "차량계 하역운반기계 등"이라 한다)의 포크·버킷(bucket)·암 또는 이들에 의하여 지탱되어 있는 화물의 밑에 있는 장소. 다만, 구조상 갑작스러운 하강을 방지하는 장치가 있는 것은 제외한다.

8. 운전 중인 항타기(杭打機) 또는 항발기(杭拔機)의 권상용 와이어로프 등의 부착 부분의 파손에 의하여 와이어로프가 벗겨지거나 드럼(drum), 도르래 뭉치 등이 떨어져 근로자에게 위험을 미칠 우려가 있는 장소

9. 화재 또는 폭발의 위험이 있는 장소

10. 낙반(落磐) 등의 위험이 있는 다음 각 목의 장소

    가. 부석의 낙하에 의하여 근로자에게 위험을 미칠 우려가 있는 장소

    나. 터널 지보공(支保工)의 보강작업 또는 보수작업을 하고 있는 장소로서 낙반 또는 낙석 등에 의하여 근로자에게 위험을 미칠 우려가 있는 장소

11. 토사·암석 등(이하 "토사 등"이라 한다)의 붕괴 또는 낙하로 인하여 근로자에게 위험을 미칠 우려가 있는 토사 등의 굴착작업 또는 채석작업을 하는 장소 및 그 아래 장소

12. 암석 채취를 위한 굴착작업, 채석에서 암석을 분할가공하거나 운반하는 작업, 그 밖에 이러한 작업에

수반(隨伴)한 작업(이하 "채석작업"이라 한다)을 하는 경우에는 운전 중인 굴착기계·분할기계·적재기계 또는 운반기계(이하 "굴착기계 등"이라 한다)에 접촉함으로써 근로자에게 위험을 미칠 우려가 있는 장소

13. 해체작업을 하는 장소

14. 하역작업을 하는 경우에는 쌓아놓은 화물이 무너지거나 화물이 떨어져 근로자에게 위험을 미칠 우려가 있는 장소

15. 다음 각 목의 항만하역작업 장소

　　가. 해치커버[[해치보드(hatch board) 및 해치빔(hatch beam)을 포함한다]]의 개폐·설치 또는 해체작업을 하고 있어 해치 보드 또는 해치빔 등이 떨어져 근로자에게 위험을 미칠 우려가 있는 장소

　　나. 양화장치(揚貨裝置) 붐(boom)이 넘어짐으로써 근로자에게 위험을 미칠 우려가 있는 장소

　　다. 양화장치, 데릭(derrick), 크레인, 이동식 크레인(이하 "양화장치 등"이라 한다)에 매달린 화물이 떨어져 근로자에게 위험을 미칠 우려가 있는 장소

16. 벌목, 목재의 집하 또는 운반 등의 작업을 하는 경우에는 벌목한 목재 등이 아래 방향으로 굴러 떨어지는 등의 위험이 발생할 우려가 있는 장소

17. 양화장치 등을 사용하여 화물의 적하[부두 위의 화물에 훅(hook)을 걸어 선(船) 내에 적재하기까지의 작업을 말한다] 또는 양하(선 내의 화물을 부두 위에 내려놓고 훅을 풀기까지의 작업을 말한다)를 하는 경우에는 통행하는 근로자에게 화물이 떨어지거나 충돌할 우려가 있는 장소

18. 굴착기 붐·암·버킷 등의 선회(旋回)에 의하여 근로자에게 위험을 미칠 우려가 있는 장소

제3장 통로

제28조(계단참의 설치)

사업주는 높이가 3미터를 초과하는 계단에 높이 3미터 이내마다 진행방향으로 길이 1.2미터 이상의 계단참을 설치해야 한다. 〈개정 2023. 11. 14.〉

[제목개정 2023. 11. 14.]

제4장 보호구

제5장 관리감독자의 직무, 사용의 제한 등

제38조(사전조사 및 작업계획서의 작성 등)

① 사업주는 다음 각 호의 작업을 하는 경우 근로자의 위험을 방지하기 위하여 별표 4에 따라 해당 작업, 작업장의 지형·지반 및 지층 상태 등에 대한 사전조사를 하고 그 결과를 기록·보존해야 하며, 조사결과를 고려하여 별표 4의 구분에 따른 사항을 포함한 작업계획서를 작성하고 그 계획에 따라 작업을 하도록 해야 한다. 〈개정 2023. 11. 14.〉

1. 타워크레인을 설치 · 조립 · 해체하는 작업
2. 차량계 하역운반기계 등을 사용하는 작업(화물자동차를 사용하는 도로상의 주행작업은 제외한다. 이하 같다)
3. 차량계 건설기계를 사용하는 작업
4. 화학설비와 그 부속설비를 사용하는 작업
5. 제318조에 따른 전기작업(해당 전압이 50볼트를 넘거나 전기에너지가 250볼트암페어를 넘는 경우로 한정한다)
6. 굴착면의 높이가 2미터 이상이 되는 지반의 굴착작업
7. 터널굴착작업
8. 교량(상부구조가 금속 또는 콘크리트로 구성되는 교량으로서 그 높이가 5미터 이상이거나 교량의 최대 지간 길이가 30미터 이상인 교량으로 한정한다)의 설치 · 해체 또는 변경 작업
9. 채석작업
10. 구축물, 건축물, 그 밖의 시설물 등(이하 "구축물 등"이라 한다)의 해체작업
11. 중량물의 취급작업
12. 궤도나 그 밖의 관련 설비의 보수 · 점검작업
13. 열차의 교환 · 연결 또는 분리 작업(이하 "입환작업"이라 한다)
② 사업주는 제1항에 따라 작성한 작업계획서의 내용을 해당 근로자에게 알려야 한다.
③ 사업주는 항타기나 항발기를 조립 · 해체 · 변경 또는 이동하는 작업을 하는 경우 그 작업방법과 절차를 정하여 근로자에게 주지시켜야 한다.
④ 사업주는 제1항제12호의 작업에 모터카(motor car), 멀티플타이탬퍼(multiple tie tamper), 밸러스트 콤팩터(ballast compactor, 철도자갈다짐기), 궤도안정기 등의 작업차량(이하 "궤도작업차량"이라 한다)을 사용하는 경우 미리 그 구간을 운행하는 열차의 운행관계자와 협의하여야 한다. 〈개정 2019. 10. 15.〉

제39조(작업지휘자의 지정)

① 사업주는 제38조 제1항 제2호 · 제6호 · 제8호 · 제10호 및 제11호의 작업계획서를 작성한 경우 작업지휘자를 지정하여 작업계획서에 따라 작업을 지휘하도록 해야 한다. 다만, 제38조 제1항 제2호의 작업에 대하여 작업장소에 다른 근로자가 접근할 수 없거나 한 대의 차량계 하역운반기계 등을 운전하는 작업으로서 주위에 근로자가 없어 충돌 위험이 없는 경우에는 작업지휘자를 지정하지 않을 수 있다. 〈개정 2023. 11. 14.〉
② 사업주는 항타기나 항발기를 조립 · 해체 · 변경 또는 이동하여 작업을 하는 경우 작업지휘자를 지정하여 지휘 · 감독하도록 하여야 한다.

제6장 추락 또는 붕괴에 의한 위험 방지

제2절 붕괴 등에 의한 위험 방지

제50조(토사 등에 의한 위험 방지)

사업주는 토사 등 또는 구축물의 붕괴 또는 낙하 등에 의하여 근로자가 위험해질 우려가 있는 경우 그 위험을 방지하기 위하여 다음 각 호의 조치를 해야 한다. 〈개정 2023. 11. 14.〉

1. 지반은 안전한 경사로 하고 낙하의 위험이 있는 토석을 제거하거나 옹벽, 흙막이 지보공 등을 설치할 것
2. 토사 등의 붕괴 또는 낙하 원인이 되는 빗물이나 지하수 등을 배제할 것
3. 갱 내의 낙반·측벽(側壁) 붕괴의 위험이 있는 경우에는 지보공을 설치하고 부석을 제거하는 등 필요한 조치를 할 것

[제목개정 2023. 11. 14.]

제52조(구축물 등의 안전성 평가)

사업주는 구축물 등이 다음 각 호의 어느 하나에 해당하는 경우에는 구축물 등에 대한 구조검토, 안전진단 등의 안전성 평가를 하여 근로자에게 미칠 위험성을 미리 제거해야 한다. 〈개정 2023. 11. 14.〉

1. 구축물 등의 인근에서 굴착·항타작업 등으로 침하·균열 등이 발생하여 붕괴의 위험이 예상될 경우
2. 구축물 등에 지진, 동해(凍害), 부동침하(不同沈下) 등으로 균열·비틀림 등이 발생했을 경우
3. 구축물 등이 그 자체의 무게·적설·풍압 또는 그 밖에 부가되는 하중 등으로 붕괴 등의 위험이 있을 경우
4. 화재 등으로 구축물 등의 내력(耐力)이 심하게 저하됐을 경우
5. 오랜 기간 사용하지 않던 구축물 등을 재사용하게 되어 안전성을 검토해야 하는 경우
6. 구축물 등의 주요구조부(「건축법」 제2조 제1항 제7호에 따른 주요구조부를 말한다. 이하 같다)에 대한 설계 및 시공 방법의 전부 또는 일부를 변경하는 경우
7. 그 밖의 잠재위험이 예상될 경우

[제목개정 2023. 11. 14.]

제53조(계측장치의 설치 등)

사업주는 다음 각 호의 어느 하나에 해당하는 경우에는 그에 필요한 계측장치를 설치하여 계측결과를 확인하고 그 결과를 통하여 안전성을 검토하는 등 위험을 방지하기 위한 조치를 해야 한다.

1. 영 제42조 제3항 제1호 또는 제2호에 따른 건설공사에 대한 유해위험방지계획서 심사 시 계측시공을 지시받은 경우
2. 영 제42조 제3항 제3호부터 제6호까지의 규정에 따른 건설공사에서 토사나 구축물 등의 붕괴로 근로자가 위험해질 우려가 있는 경우
3. 설계도서에서 계측장치를 설치하도록 하고 있는 경우

[전문개정 2023. 11. 14.]

제7장 비계

제3절 강관비계 및 강관틀비계

제59조(강관비계 조립 시의 준수사항)

사업주는 강관비계를 조립하는 경우에 다음 각 호의 사항을 준수해야 한다. 〈개정 2023. 11. 14.〉

1. 비계기둥에는 미끄러지거나 침하하는 것을 방지하기 위하여 밑받침철물을 사용하거나 깔판·받침목 등을 사용하여 밑둥잡이를 설치하는 등의 조치를 할 것
2. 강관의 접속부 또는 교차부(交叉部)는 적합한 부속철물을 사용하여 접속하거나 단단히 묶을 것
3. 교차 가새로 보강할 것
4. 외줄비계·쌍줄비계 또는 돌출비계에 대해서는 다음 각 목에서 정하는 바에 따라 벽이음 및 버팀을 설치할 것. 다만, 창틀의 부착 또는 벽면의 완성 등의 작업을 위하여 벽이음 또는 버팀을 제거하는 경우, 그 밖에 작업의 필요상 부득이한 경우로서 해당 벽이음 또는 버팀 대신 비계기둥 또는 띠장에 사재(斜材)를 설치하는 등 비계가 넘어지는 것을 방지하기 위한 조치를 한 경우에는 그러하지 아니하다.
   가. 강관비계의 조립 간격은 별표 5의 기준에 적합하도록 할 것
   나. 강관·통나무 등의 재료를 사용하여 견고한 것으로 할 것
   다. 인장재(引張材)와 압축재로 구성된 경우에는 인장재와 압축재의 간격을 1미터 이내로 할 것
5. 가공전로(架空電路)에 근접하여 비계를 설치하는 경우에는 가공전로를 이설(移設)하거나 가공전로에 절연용 방호구를 장착하는 등 가공전로와의 접촉을 방지하기 위한 조치를 할 것

제60조(강관비계의 구조)

사업주는 강관을 사용하여 비계를 구성하는 경우 다음 각 호의 사항을 준수해야 한다. 〈개정 2012. 5. 31., 2019. 10. 15., 2019. 12. 26., 2023. 11. 14.〉

1. 비계기둥의 간격은 띠장 방향에서는 1.85미터 이하, 장선(長線) 방향에서는 1.5미터 이하로 할 것. 다만, 다음 각 목의 어느 하나에 해당하는 작업의 경우에는 안전성에 대한 구조검토를 실시하고 조립도를 작성하면 띠장 방향 및 장선 방향으로 각각 2.7미터 이하로 할 수 있다.
   가. 선박 및 보트 건조작업
   나. 그 밖에 장비 반입·반출을 위하여 공간 등을 확보할 필요가 있는 등 작업의 성질상 비계기둥 간격에 관한 기준을 준수하기 곤란한 작업
2. 띠장 간격은 2.0미터 이하로 할 것. 다만, 작업의 성질상 이를 준수하기가 곤란하여 쌍기둥틀 등에 의하여 해당 부분을 보강한 경우에는 그러하지 아니하다.
3. 비계기둥의 제일 윗부분으로부터 31미터되는 지점 밑부분의 비계기둥은 2개의 강관으로 묶어 세울 것. 다만, 브라켓(bracket, 까치발) 등으로 보강하여 2개의 강관으로 묶을 경우 이상의 강도가 유지되는 경우에는 그러하지 아니하다.
4. 비계기둥 간의 적재하중은 400킬로그램을 초과하지 않도록 할 것

제2편 안전기준

제1장 기계 · 기구 및 그 밖의 설비에 의한 위험예방

제1절 기계 등의 일반기준

제98조(제한속도의 지정 등)

① 사업주는 차량계 하역운반기계, 차량계 건설기계(최대제한속도가 시속 10킬로미터 이하인 것은 제외한다)를 사용하여 작업을 하는 경우 미리 작업장소의 지형 및 지반 상태 등에 적합한 제한속도를 정하고, 운전자로 하여금 준수하도록 하여야 한다.

② 사업주는 궤도작업차량을 사용하는 작업, 입환기(입환작업에 이용되는 열차를 말한다. 이하 같다)로 입환작업을 하는 경우에 작업에 적합한 제한속도를 정하고, 운전자로 하여금 준수하도록 해야 한다. 〈개정 2023. 11. 14.〉

③ 운전자는 제1항과 제2항에 따른 제한속도를 초과하여 운전해서는 아니 된다.

제10절 차량계 하역운반기계 등

제4관 고소작업대

제186조(고소작업대 설치 등의 조치)

① 사업주는 고소작업대를 설치하는 경우에는 다음 각 호에 해당하는 것을 설치하여야 한다.
   1. 작업대를 와이어로프 또는 체인으로 올리거나 내릴 경우에는 와이어로프 또는 체인이 끊어져 작업대가 떨어지지 아니하는 구조여야 하며, 와이어로프 또는 체인의 안전율은 5 이상일 것
   2. 작업대를 유압에 의해 올리거나 내릴 경우에는 작업대를 일정한 위치에 유지할 수 있는 장치를 갖추고 압력의 이상저하를 방지할 수 있는 구조일 것
   3. 권과방지장치를 갖추거나 압력의 이상상승을 방지할 수 있는 구조일 것
   4. 붐의 최대 지면경사각을 초과 운전하여 전도되지 않도록 할 것
   5. 작업대에 정격하중(안전율 5 이상)을 표시할 것
   6. 작업대에 끼임 · 충돌 등 재해를 예방하기 위한 가드 또는 과상승방지장치를 설치할 것
   7. 조작반의 스위치는 눈으로 확인할 수 있도록 명칭 및 방향표시를 유지할 것

② 사업주는 고소작업대를 설치하는 경우에는 다음 각 호의 사항을 준수하여야 한다.
   1. 바닥과 고소작업대는 가능하면 수평을 유지하도록 할 것
   2. 갑작스러운 이동을 방지하기 위하여 아웃트리거 또는 브레이크 등을 확실히 사용할 것

③ 사업주는 고소작업대를 이동하는 경우에는 다음 각 호의 사항을 준수해야 한다. 〈개정 2023. 11. 14.〉
   1. 작업대를 가장 낮게 내릴 것

2. 작업자를 태우고 이동하지 말 것. 다만, 이동 중 전도 등의 위험예방을 위하여 유도하는 사람을 배치하고 짧은 구간을 이동하는 경우에는 제1호에 따라 작업대를 가장 낮게 내린 상태에서 작업자를 태우고 이동할 수 있다.

3. 이동통로의 요철상태 또는 장애물의 유무 등을 확인할 것

④ 사업주는 고소작업대를 사용하는 경우에는 다음 각 호의 사항을 준수하여야 한다.

1. 작업자가 안전모·안전대 등의 보호구를 착용하도록 할 것

2. 관계자가 아닌 사람이 작업구역에 들어오는 것을 방지하기 위하여 필요한 조치를 할 것

3. 안전한 작업을 위하여 적정수준의 조도를 유지할 것

4. 전로(電路)에 근접하여 작업을 하는 경우에는 작업감시자를 배치하는 등 감전사고를 방지하기 위하여 필요한 조치를 할 것

5. 작업대를 정기적으로 점검하고 붐·작업대 등 각 부위의 이상 유무를 확인할 것

6. 전환스위치는 다른 물체를 이용하여 고정하지 말 것

7. 작업대는 정격하중을 초과하여 물건을 싣거나 탑승하지 말 것

8. 작업대의 붐대를 상승시킨 상태에서 탑승자는 작업대를 벗어나지 말 것. 다만, 작업대에 안전대 부착설비를 설치하고 안전대를 연결하였을 때에는 그러하지 아니하다.

제12절 건설기계 등

제2관 항타기 및 항발기

제209조(무너짐의 방지)

사업주는 동력을 사용하는 항타기 또는 항발기에 대하여 무너짐을 방지하기 위하여 다음 각 호의 사항을 준수해야 한다. 〈개정 2019. 1. 31., 2022. 10. 18., 2023. 11. 14.〉

1. 연약한 지반에 설치하는 경우에는 아웃트리거·받침 등 지지구조물의 침하를 방지하기 위하여 깔판·받침목 등을 사용할 것

2. 시설 또는 가설물 등에 설치하는 경우에는 그 내력을 확인하고 내력이 부족하면 그 내력을 보강할 것

3. 아웃트리거·받침 등 지지구조물이 미끄러질 우려가 있는 경우에는 말뚝 또는 쐐기 등을 사용하여 해당 지지구조물을 고정시킬 것

4. 궤도 또는 차로 이동하는 항타기 또는 항발기에 대해서는 불시에 이동하는 것을 방지하기 위하여 레일 클램프(rail clamp) 및 쐐기 등으로 고정시킬 것

5. 상단 부분은 버팀대·버팀줄로 고정하여 안정시키고, 그 하단 부분은 견고한 버팀·말뚝 또는 철골 등으로 고정시킬 것

제4장 건설작업 등에 의한 위험 예방

제1절 거푸집 및 동바리 〈개정 2023. 11. 14.〉

제1관 재료 및 구조 〈개정 2023. 11. 14.〉

제328조(재료)

사업주는 콘크리트 구조물이 일정 강도에 이르기까지 그 형상을 유지하기 위하여 설치하는 거푸집 및 동바리의 재료로 변형·부식 또는 심하게 손상된 것을 사용해서는 안 된다. 〈개정 2023. 11. 14.〉

제329조(부재의 재료 사용기준)

사업주는 거푸집 및 동바리에 사용하는 부재의 재료는 한국산업표준에서 정하는 기준 이상의 것을 사용해야 한다.
[전문개정 2023. 11. 14.]

제330조(거푸집 및 동바리의 구조)

사업주는 거푸집 및 동바리를 사용하는 경우에는 거푸집의 형상 및 콘크리트 타설(打設)방법 등에 따른 견고한 구조의 것을 사용해야 한다. 〈개정 2023. 11. 14.〉
[제목개정 2023. 11. 14.]

제2관 조립 등

제331조(조립도)

① 사업주는 거푸집 및 동바리를 조립하는 경우에는 그 구조를 검토한 후 조립도를 작성하고, 그 조립도에 따라 조립하도록 해야 한다. 〈개정 2023. 11. 14.〉
② 제1항의 조립도에는 거푸집 및 동바리를 구성하는 부재의 재질·단면규격·설치간격 및 이음방법 등을 명시해야 한다. 〈개정 2023. 11. 14.〉

제331조의2(거푸집 조립 시의 안전조치)

사업주는 거푸집을 조립하는 경우에는 다음 각 호의 사항을 준수해야 한다.
  1. 거푸집을 조립하는 경우에는 거푸집이 콘크리트 하중이나 그 밖의 외력에 견딜 수 있거나, 넘어지지 않도록 견고한 구조의 긴결재(콘크리트를 타설할 때 거푸집이 변형되지 않게 연결하여 고정하는 재료를 말한다), 버팀대 또는 지지대를 설치하는 등 필요한 조치를 할 것
  2. 거푸집이 곡면인 경우에는 버팀대의 부착 등 그 거푸집의 부상(浮上)을 방지하기 위한 조치를 할 것
[본조신설 2023. 11. 14.]

제331조의3(작업발판 일체형 거푸집의 안전조치)

① "작업발판 일체형 거푸집"이란 거푸집의 설치·해체, 철근 조립, 콘크리트 타설, 콘크리트 면처리 작업 등을 위하여 거푸집을 작업발판과 일체로 제작하여 사용하는 거푸집으로서 다음 각 호의 거푸집을 말한다.
  1. 갱 폼(gang form)

2. 슬립 폼(slip form)

3. 클라이밍 폼(climbing form)

4. 터널 라이닝 폼(tunnel lining form)

5. 그 밖에 거푸집과 작업발판이 일체로 제작된 거푸집 등

② 제1항 제1호의 갱 폼의 조립·이동·양중·해체(이하 이 조에서 "조립 등"이라 한다) 작업을 하는 경우에는 다음 각 호의 사항을 준수해야 한다. 〈개정 2023. 11. 14.〉

1. 조립 등의 범위 및 작업절차를 미리 그 작업에 종사하는 근로자에게 주지시킬 것

2. 근로자가 안전하게 구조물 내부에서 갱 폼의 작업발판으로 출입할 수 있는 이동통로를 설치할 것

3. 갱 폼의 지지 또는 고정철물의 이상 유무를 수시점검하고 이상이 발견된 경우에는 교체하도록 할 것

4. 갱 폼을 조립하거나 해체하는 경우에는 갱 폼을 인양장비에 매단 후에 작업을 실시하도록 하고, 인양장비에 매달기 전에 지지 또는 고정철물을 미리 해체하지 않도록 할 것

5. 갱 폼 인양 시 작업발판용 케이지에 근로자가 탑승한 상태에서 갱 폼의 인양작업을 하지 않을 것

③ 사업주는 제1항 제2호부터 제5호까지의 조립 등의 작업을 하는 경우에는 다음 각 호의 사항을 준수하여야 한다.

1. 조립 등 작업 시 거푸집 부재의 변형 여부와 연결 및 지지재의 이상 유무를 확인할 것

2. 조립 등 작업과 관련한 이동·양중·운반 장비의 고장·오조작 등으로 인해 근로자에게 위험을 미칠 우려가 있는 장소에는 근로자의 출입을 금지하는 등 위험 방지 조치를 할 것

3. 거푸집이 콘크리트면에 지지될 때에 콘크리트의 굳기정도와 거푸집의 무게, 풍압 등의 영향으로 거푸집의 갑작스런 이탈 또는 낙하로 인해 근로자가 위험해질 우려가 있는 경우에는 설계도서에서 정한 콘크리트의 양생기간을 준수하거나 콘크리트면에 견고하게 지지하는 등 필요한 조치를 할 것

4. 연결 또는 지지 형식으로 조립된 부재의 조립등 작업을 하는 경우에는 거푸집을 인양장비에 매단 후에 작업을 하도록 하는 등 낙하·붕괴·전도의 위험 방지를 위하여 필요한 조치를 할 것

[제337조에서 이동 〈2023. 11. 14.〉]

제332조(동바리 조립 시의 안전조치)

사업주는 동바리를 조립하는 경우에는 하중의 지지상태를 유지할 수 있도록 다음 각 호의 사항을 준수해야 한다.

1. 받침목이나 깔판의 사용, 콘크리트 타설, 말뚝박기 등 동바리의 침하를 방지하기 위한 조치를 할 것

2. 동바리의 상하 고정 및 미끄러짐 방지 조치를 할 것

3. 상부·하부의 동바리가 동일 수직선상에 위치하도록 하여 깔판·받침목에 고정시킬 것

4. 개구부 상부에 동바리를 설치하는 경우에는 상부하중을 견딜 수 있는 견고한 받침대를 설치할 것

5. U헤드 등의 단판이 없는 동바리의 상단에 멍에 등을 올릴 경우에는 해당 상단에 U헤드 등의 단판을 설치하고, 멍에 등이 전도되거나 이탈되지 않도록 고정시킬 것

6. 동바리의 이음은 같은 품질의 재료를 사용할 것

7. 강재의 접속부 및 교차부는 볼트·클램프 등 전용철물을 사용하여 단단히 연결할 것

8. 거푸집의 형상에 따른 부득이한 경우를 제외하고는 깔판이나 받침목은 2단 이상 끼우지 않도록 할 것

9. 깔판이나 받침목을 이어서 사용하는 경우에는 그 깔판·받침목을 단단히 연결할 것

[전문개정 2023. 11. 14.]

제332조의2(동바리 유형에 따른 동바리 조립 시의 안전조치)

사업주는 동바리를 조립할 때 동바리의 유형별로 다음 각 호의 구분에 따른 각 목의 사항을 준수해야 한다.

1. 동바리로 사용하는 파이프 서포트의 경우

   가. 파이프 서포트를 3개 이상 이어서 사용하지 않도록 할 것

   나. 파이프 서포트를 이어서 사용하는 경우에는 4개 이상의 볼트 또는 전용철물을 사용하여 이을 것

   다. 높이가 3.5미터를 초과하는 경우에는 높이 2미터 이내마다 수평연결재를 2개 방향으로 만들고 수평연결재의 변위를 방지할 것

2. 동바리로 사용하는 강관틀의 경우

   가. 강관틀과 강관틀 사이에 교차가새를 설치할 것

   나. 최상단 및 5단 이내마다 동바리의 측면과 틀면의 방향 및 교차가새의 방향에서 5개 이내마다 수평연결재를 설치하고 수평연결재의 변위를 방지할 것

   다. 최상단 및 5단 이내마다 동바리의 틀면의 방향에서 양단 및 5개틀 이내마다 교차가새의 방향으로 띠장틀을 설치할 것

3. 동바리로 사용하는 조립강주의 경우: 조립강주의 높이가 4미터를 초과하는 경우에는 높이 4미터 이내마다 수평연결재를 2개 방향으로 설치하고 수평연결재의 변위를 방지할 것

4. 시스템 동바리(규격화·부품화된 수직재, 수평재 및 가새재 등의 부재를 현장에서 조립하여 거푸집을 지지하는 지주 형식의 동바리를 말한다)의 경우

   가. 수평재는 수직재와 직각으로 설치해야 하며, 흔들리지 않도록 견고하게 설치할 것

   나. 연결철물을 사용하여 수직재를 견고하게 연결하고, 연결부위가 탈락 또는 꺾어지지 않도록 할 것

   다. 수직 및 수평하중에 대해 동바리의 구조적 안정성이 확보되도록 조립도에 따라 수직재 및 수평재에는 가새재를 견고하게 설치할 것

   라. 동바리 최상단과 최하단의 수직재와 받침철물은 서로 밀착되도록 설치하고 수직재와 받침철물의 연결부의 겹침길이는 받침철물 전체길이의 3분의 1 이상 되도록 할 것

5. 보 형식의 동바리[강제 갑판(steel deck), 철재트러스 조립 보 등 수평으로 설치하여 거푸집을 지지하는 동바리를 말한다]의 경우

   가. 접합부는 충분한 걸침 길이를 확보하고 못, 용접 등으로 양끝을 지지물에 고정시켜 미끄러짐 및 탈락을 방지할 것

   나. 양끝에 설치된 보 거푸집을 지지하는 동바리 사이에는 수평연결재를 설치하거나 동바리를 추가로 설치하는 등 보 거푸집이 옆으로 넘어지지 않도록 견고하게 할 것

   다. 설계도면, 시방서 등 설계도서를 준수하여 설치할 것

[본조신설 2023. 11. 14.]

제333조(조립·해체 등 작업 시의 준수사항)

① 사업주는 기둥·보·벽체·슬래브 등의 거푸집 및 동바리를 조립하거나 해체하는 작업을 하는 경우에는 다음 각 호의 사항을 준수해야 한다. 〈개정 2021. 5. 28., 2023. 11. 14.〉

  1. 해당 작업을 하는 구역에는 관계 근로자가 아닌 사람의 출입을 금지할 것

  2. 비, 눈, 그 밖의 기상상태의 불안정으로 날씨가 몹시 나쁜 경우에는 그 작업을 중지할 것

  3. 재료, 기구 또는 공구 등을 올리거나 내리는 경우에는 근로자로 하여금 달줄·달포대 등을 사용하도록 할 것

  4. 낙하·충격에 의한 돌발적 재해를 방지하기 위하여 버팀목을 설치하고 거푸집 및 동바리를 인양장비에 매단 후에 작업을 하도록 하는 등 필요한 조치를 할 것

② 사업주는 철근조립 등의 작업을 하는 경우에는 다음 각 호의 사항을 준수하여야 한다.

  1. 양중기로 철근을 운반할 경우에는 두 군데 이상 묶어서 수평으로 운반할 것

  2. 작업위치의 높이가 2미터 이상일 경우에는 작업발판을 설치하거나 안전대를 착용하게 하는 등 위험 방지를 위하여 필요한 조치를 할 것

[제목개정 2023. 11. 14.]

[제336조에서 이동, 종전 제333조는 삭제 〈2023. 11. 14.〉]

제3관 콘크리트 타설 등 〈신설 2023. 11. 14.〉

제334조(콘크리트의 타설작업)

사업주는 콘크리트 타설작업을 하는 경우에는 다음 각 호의 사항을 준수해야 한다. 〈개정 2023. 11. 14.〉

  1. 당일의 작업을 시작하기 전에 해당 작업에 관한 거푸집 및 동바리의 변형·변위 및 지반의 침하 유무 등을 점검하고 이상이 있으면 보수할 것

  2. 작업 중에는 감시자를 배치하는 등의 방법으로 거푸집 및 동바리의 변형·변위 및 침하 유무 등을 확인해야 하며, 이상이 있으면 작업을 중지하고 근로자를 대피시킬 것

  3. 콘크리트 타설작업 시 거푸집 붕괴의 위험이 발생할 우려가 있으면 충분한 보강조치를 할 것

  4. 설계도서상의 콘크리트 양생기간을 준수하여 거푸집 및 동바리를 해체할 것

  5. 콘크리트를 타설하는 경우에는 편심이 발생하지 않도록 골고루 분산하여 타설할 것

제335조(콘크리트 타설장비 사용 시의 준수사항)

사업주는 콘크리트 타설작업을 하기 위하여 콘크리트 플레이싱 붐(placing boom), 콘크리트 분배기, 콘크리트 펌프카 등(이하 이 조에서 "콘크리트타설장비"라 한다)을 사용하는 경우에는 다음 각 호의 사항을 준수해야 한다. 〈개정 2023. 11. 14.〉

  1. 작업을 시작하기 전에 콘크리트타설장비를 점검하고 이상을 발견하였으면 즉시 보수할 것

  2. 건축물의 난간 등에서 작업하는 근로자가 호스의 요동·선회로 인하여 추락하는 위험을 방지하기 위하여 안전난간 설치 등 필요한 조치를 할 것

  3. 콘크리트타설장비의 붐을 조정하는 경우에는 주변의 전선 등에 의한 위험을 예방하기 위한 적절한 조치를 할 것

4. 작업 중에 지반의 침하나 아웃트리거 등 콘크리트타설장비 지지구조물의 손상 등에 의하여 콘크리트타설장비가 넘어질 우려가 있는 경우에는 이를 방지하기 위한 적절한 조치를 할 것

[제목개정 2023. 11. 14.]

제2절 굴착작업 등의 위험 방지

제1관 노천굴착작업

제1속 굴착면의 기울기 등

제338조(굴착작업 사전조사 등)

사업주는 굴착작업을 할 때에 토사 등의 붕괴 또는 낙하에 의한 위험을 미리 방지하기 위하여 다음 각 호의 사항을 점검해야 한다.

1. 작업장소 및 그 주변의 부석·균열의 유무
2. 함수(含水)·용수(湧水) 및 동결의 유무 또는 상태의 변화

[전문개정 2023. 11. 14.]

[제339조에서 이동, 종전 제338조는 제339조로 이동 〈2023. 11. 14.〉]

제339조(굴착면의 붕괴 등에 의한 위험방지)

① 사업주는 지반 등을 굴착하는 경우 굴착면의 기울기를 별표 11의 기준에 맞도록 해야 한다. 다만, 「건설기술 진흥법」 제44조 제1항에 따른 건설기준에 맞게 작성한 설계도서상의 굴착면의 기울기를 준수하거나 흙막이 등 기울기면의 붕괴 방지를 위하여 적절한 조치를 한 경우에는 그렇지 않다.

② 사업주는 비가 올 경우를 대비하여 측구(側溝)를 설치하거나 굴착경사면에 비닐을 덮는 등 빗물 등의 침투에 의한 붕괴재해를 예방하기 위하여 필요한 조치를 해야 한다.

[전문개정 2023. 11. 14.]

제340조(굴착작업 시 위험방지)

사업주는 굴착작업 시 토사 등의 붕괴 또는 낙하에 의하여 근로자에게 위험을 미칠 우려가 있는 경우에는 미리 흙막이 지보공의 설치, 방호망의 설치 및 근로자의 출입 금지 등 그 위험을 방지하기 위하여 필요한 조치를 해야 한다.

[전문개정 2023. 11. 14.]

제342조(굴착기계 등에 의한 위험방지)

사업주는 굴착작업 시 굴착기계 등을 사용하는 경우 다음 각 호의 조치를 해야 한다.

1. 굴착기계 등의 사용으로 가스도관, 지중전선로, 그 밖에 지하에 위치한 공작물이 파손되어 그 결과 근로자가 위험해질 우려가 있는 경우에는 그 기계를 사용한 굴착작업을 중지할 것
2. 굴착기계 등의 운행경로 및 토석(土石) 적재장소의 출입방법을 정하여 관계 근로자에게 주지시킬 것

[전문개정 2023. 11. 14.]

제344조(굴착기계 등의 유도)

① 사업주는 굴착작업을 할 때에 굴착기계 등이 근로자의 작업장소로 후진하여 근로자에게 접근하거나 굴러 떨어질 우려가 있는 경우에는 유도자를 배치하여 굴착기계 등을 유도하도록 해야 한다. 〈개정 2019. 10. 15., 2023. 11. 14.〉

② 운반기계 등의 운전자는 유도자의 유도에 따라야 한다.

[제목개정 2023. 11. 14.]

제3관 터널작업

제2속 낙반 등에 의한 위험의 방지

제352조(출입구 부근 등의 지반 붕괴 등에 의한 위험의 방지)

사업주는 터널 등의 건설작업을 할 때에 터널 등의 출입구 부근의 지반의 붕괴나 토사 등의 낙하에 의하여 근로자가 위험해질 우려가 있는 경우에는 흙막이 지보공이나 방호망을 설치하는 등 위험을 방지하기 위하여 필요한 조치를 해야 한다. 〈개정 2023. 11. 14.〉

제3속 터널 지보공

제365조(부재의 해체)

사업주는 하중이 걸려 있는 터널 지보공의 부재를 해체하는 경우에는 해당 부재에 걸려있는 하중을 터널 거푸집 및 동바리가 받도록 조치를 한 후에 그 부재를 해체해야 한다. 〈개정 2023. 11. 14.〉

제4속 터널 거푸집 및 동바리 〈개정 2023. 11. 14.〉

제367조(터널 거푸집 및 동바리의 재료)

사업주는 터널 거푸집 및 동바리의 재료로 변형·부식되거나 심하게 손상된 것을 사용해서는 안 된다. 〈개정 2023. 11. 14.〉

[제목개정 2023. 11. 14.]

제368조(터널 거푸집 및 동바리의 구조)

사업주는 터널 거푸집 및 동바리에 걸리는 하중 또는 거푸집의 형상 등에 상응하는 견고한 구조의 터널 거푸집 및 동바리를 사용해야 한다. 〈개정 2023. 11. 14.〉

제5관 채석작업

제370조(지반 붕괴 등의 위험방지)

사업주는 채석작업을 하는 경우 지반의 붕괴 또는 토사 등의 낙하로 인하여 근로자에게 발생할 우려가 있는 위험을 방지하기 위하여 다음 각 호의 조치를 해야 한다. 〈개정 2023. 11. 14.〉

1. 점검자를 지명하고 당일 작업 시작 전에 작업장소 및 그 주변 지반의 부석과 균열의 유무와 상태, 함수·용수 및 동결상태의 변화를 점검할 것
2. 점검자는 발파 후 그 발파 장소와 그 주변의 부석 및 균열의 유무와 상태를 점검할 것

제371조(인접채석장과의 연락)

사업주는 지반의 붕괴, 토사 등의 비래(飛來) 등으로 인한 근로자의 위험을 방지하기 위하여 인접한 채석장에서의 발파 시기ㆍ부석 제거 방법 등 필요한 사항에 관하여 그 채석장과 연락을 유지해야 한다. 〈개정 2023. 11. 14.〉

제373조(낙반 등에 의한 위험 방지)

사업주는 갱내에서 채석작업을 하는 경우로서 토사 등의 낙하 또는 측벽의 붕괴로 인하여 근로자에게 위험이 발생할 우려가 있는 경우에 동바리 또는 버팀대를 설치한 후 천장을 아치형으로 하는 등 그 위험을 방지하기 위한 조치를 해야 한다. 〈개정 2023. 11. 14.〉

제4절 해체작업 시 위험방지 〈개정 2023. 11. 14.〉

제384조(해체작업 시 준수사항)

① 사업주는 구축물 등의 해체작업 시 구축물 등을 무너뜨리는 작업을 하기 전에 구축물 등이 넘어지는 위치, 파편의 비산거리 등을 고려하여 해당 작업 반경 내에 사람이 없는지 미리 확인한 후 작업을 실시해야 하고, 무너뜨리는 작업 중에는 해당 작업 반경 내에 관계 근로자가 아닌 사람의 출입을 금지해야 한다. 〈개정 2023. 11. 14.〉

② 사업주는 건축물 해체공법 및 해체공사 구조 안전성을 검토한 결과 「건축물관리법」 제30조 제3항에 따른 해체계획서대로 해체되지 못하고 건축물이 붕괴할 우려가 있는 경우에는 「건축물관리법 시행규칙」 제12조 제3항 및 국토교통부장관이 정하여 고시하는 바에 따라 구조보강계획을 작성해야 한다. 〈신설 2023. 11. 14.〉

제5장 중량물 취급 시의 위험방지

제386조(중량물의 구름 위험방지)

사업주는 드럼통 등 구를 위험이 있는 중량물을 보관하거나 작업 중 구를 위험이 있는 중량물을 취급하는 경우에는 다음 각 호의 사항을 준수해야 한다. 〈개정 2023. 11. 14.〉

　1. 구름멈춤대, 쐐기 등을 이용하여 중량물의 동요나 이동을 조절할 것

　2. 중량물이 구를 위험이 있는 방향 앞의 일정거리 이내로는 근로자의 출입을 제한할 것. 다만, 중량물을 보관하거나 작업 중인 장소가 경사면인 경우에는 경사면 아래로는 근로자의 출입을 제한해야 한다.

제3편 보건기준

제5장 이상기압에 의한 건강장해의 예방

제2절 설비 등

제524조(기압조절실 공기의 부피와 환기 등)

① 사업주는 기압조절실의 바닥면적과 공기의 부피를 그 기압조절실에서 가압이나 감압을 받는 근로자 1인 당 각각 0.3제곱미터 이상 및 0.6세제곱미터 이상이 되도록 하여야 한다.

② 사업주는 기압조절실 내의 이산화탄소로 인한 건강장해를 방지하기 위하여 이산화탄소의 분압이 제곱센 티미터당 0.005킬로그램을 초과하지 않도록 환기 등 그 밖에 필요한 조치를 해야 한다. 〈개정 2023. 11. 14.〉

제10장 밀폐공간 작업으로 인한 건강장해의 예방

제1절 통칙

제618조(정의)

이 장에서 사용하는 용어의 뜻은 다음과 같다. 〈개정 2017. 3. 3., 2023. 11. 14.〉

1. "밀폐공간"이란 산소결핍, 유해가스로 인한 질식·화재·폭발 등의 위험이 있는 장소로서 별표 18에서 정한 장소를 말한다.
2. "유해가스"란 이산화탄소·일산화탄소·황화수소 등의 기체로서 인체에 유해한 영향을 미치는 물질을 말한다.
3. "적정공기"란 산소농도의 범위가 18퍼센트 이상 23.5퍼센트 미만, 이산화탄소의 농도가 1.5퍼센트 미 만, 일산화탄소의 농도가 30피피엠 미만, 황화수소의 농도가 10피피엠 미만인 수준의 공기를 말한다.
4. "산소결핍"이란 공기 중의 산소농도가 18퍼센트 미만인 상태를 말한다.
5. "산소결핍증"이란 산소가 결핍된 공기를 들이마심으로써 생기는 증상을 말한다.

합격답안 작성용 모식도

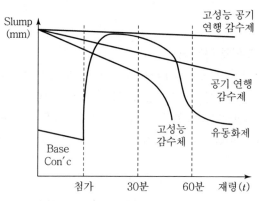

[감수제와 유동화제의 성능 비교]

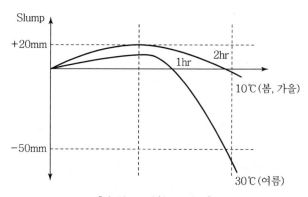

[슬럼프 저하 그래프]

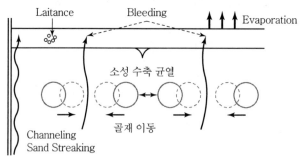

[Laitance와 Bleeding]

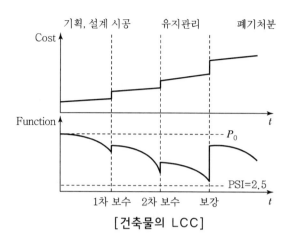

[건축물의 LCC]

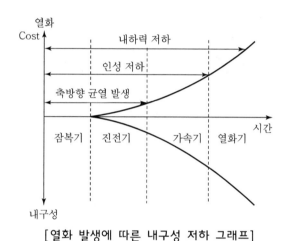

[열화 발생에 따른 내구성 저하 그래프]

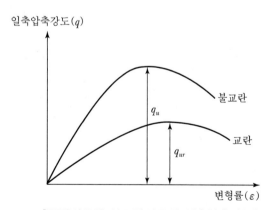

[교란시료와 불교란시료의 일축압축강도]

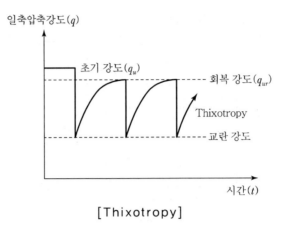

[Thixotropy]

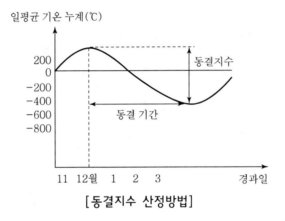

[동결지수 산정방법]

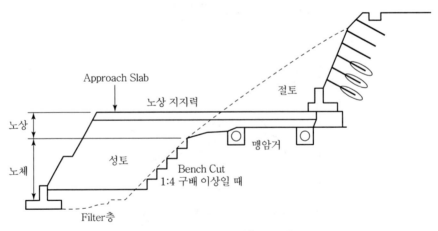

[절·성토부의 안정화 공법]

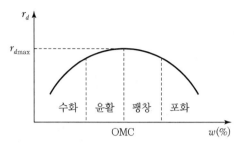

- 수화단계(반고체)
- 팽창단계(소성)
- 윤활단계(탄성체)
- 포화단계(반점성)

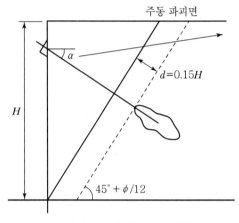

[어스앵커의 설치기준]

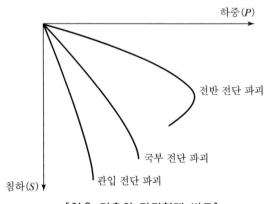

[얕은 기초의 파괴형태 비교]

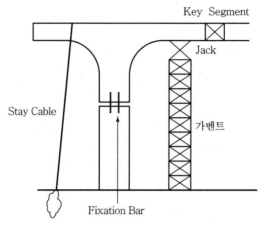

[FCM 불균형 모멘트 처리공법]

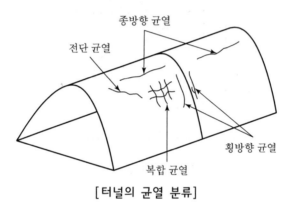

[터널의 균열 분류]

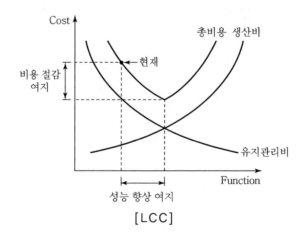

[LCC]

기초공

※ 공법 : 개요, 공법종류, 시공순서(F/C), 특징, 시공 시 유의사항, 안전대책

• 얕은 기초

(1) Footing 기초
(2) 전면기초(온통기초)

• 깊은 기초

(1) 말뚝기초
(2) 케이슨 기초

• 박기

(1) 타격공법
(2) 진동공법(Vibro Hammer)
(3) 압입공법
(4) Water Jet 공법
(5) Preboring 공법
(6) 중굴공법

• 이음

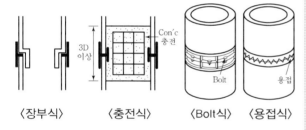

〈장부식〉   〈충전식〉   〈Bolt식〉   〈용접식〉

• 지지력

(1) 말뚝재하시험(정재하, 동재하)
(2) 시험박기말뚝
(3) 소리, 진동
(4) Rebound Check

• 공해대책

(1) 저소음 대책(공법, 장비)
(2) 저진동 대책(공법, 장비)
(3) 수질 · 토양오염 방지대책

• 부마찰력

(1) 문제점
(2) 발생원인
(3) 방지대책

• 구조물 부상/침하

(1) 부력기초
(2) 지하구조물 부상
(3) 구조물 침하/부등침하

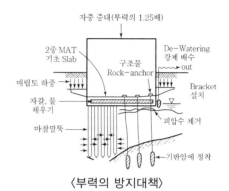

〈부력의 방지대책〉

사면안정/굴착

• 사면안정

(1) 종류 및 파괴형태

구분	Land Sliding	Land Creep
지형	급경사 30° 이상	완경사(5~20°)
토질	불연속층	활동면
속도	순간적	느림
규모	부분적	대규모

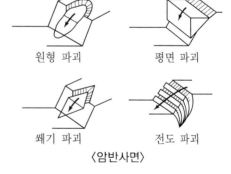

원형 파괴   평면 파괴

쐐기 파괴   전도 파괴

〈암반사면〉

(2) 사면붕괴 원인

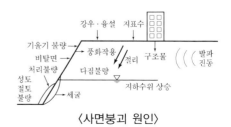

〈사면붕괴 원인〉

(3) 안전대책
　　① 시공 시 안전대책
　　② 설계상 안전대책
　　③ 붕괴 시 안전대책

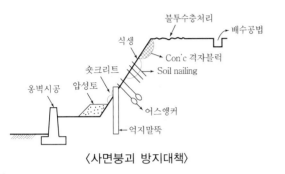

〈사면붕괴 방지대책〉

산사태 원인/대책
(1) 원인
(2) 대책

계측관리
(1) 원상태 측정
(2) 굴착 중 계측

절토
(1) 암질판별
(2) 발파공법
(3) 발파 시 안전대책

터파기/흙막이
(1) 벽식 지하연속벽
(2) Top-down 공법
(3) 지하매설물 방호

옹벽

RC옹벽
(1) 옹벽 종류

〈중력식 옹벽〉　〈반중력식 옹벽〉　〈역T형 옹벽〉

〈L형식 옹벽〉　〈앞부벽식 옹벽〉　〈뒷부벽식 옹벽〉

(2) 토압

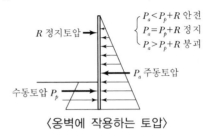

$$\begin{cases} P_a < P_p + R \text{ 안전} \\ P_a = P_p + R \text{ 정지} \\ P_a > P_p + R \text{ 붕괴} \end{cases}$$

R 정지토압

P_a 주동토압

수동토압 P_p

〈옹벽에 작용하는 토압〉

(3) 옹벽 안정성 검토
　　① 활동
　　② 전도
　　③ 침하

(4) 옹벽 모식도

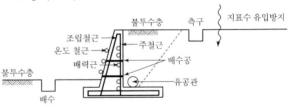

(5) 붕괴원인/대책

• 보강토 옹벽
(1) 공법원리
(2) 구성요소(4요소)

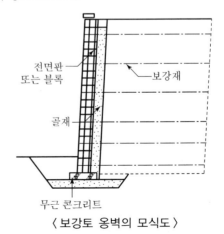

〈보강토 옹벽의 모식도〉

철근콘크리트공사

• 거푸집 조립/해체 시 유의사항

(1) 관리감독자 선임
(2) 통로 및 비계 확보
(3) 달줄, 달포대 사용
(4) 악천후 시 작업중지
(5) 작업자 외 출입금지
(6) 단독작업 금지
(7) 안전보호구 착용
(8) 상·하 동시작업 금지
(9) 무리한 힘을 가하지 말 것
(10) 지렛대 사용금지
(11) 해체순서 준수

철근공사

• 철근재료의 구비조건

(1) 부착강도가 클 것
(2) 강도와 항복점이 클 것
(3) 연성이 크고, 가공이 쉬울 것
(4) 부식 저항이 클 것

• 철근의 분류

(1) 슬래브
(2) 보
(3) 기둥

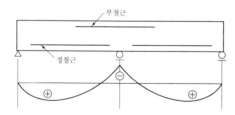

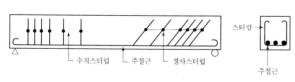

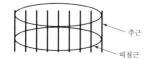

• 철근의 이음 및 정착

(1) 이음위치
　　① 응력이 작은 곳
　　② 보 : 압축응력 발생부
　　③ 기둥 : 슬래브 50cm 위, $\frac{3}{4}$H 이하
(2) 이음공법
　　① 겹침　　　　　② 용접
　　③ Gas 압접　　 ④ Sleeve Joint
　　⑤ Sleeve 충진　⑥ 나사이음
　　⑦ Cad 용접　　 ⑧ G-Loc Splice

• 철근조립

(1) 피복두께

조건	구조물	피복두께
흙, 옥외공기 미접함	Slab, Wall	20~40mm
	보, 기둥	40mm
흙, 옥외공기 접함	노출 Concrete	40~50mm
	영구히 묻히는 Concrete	75mm
수중에서 타설하는 Concrete		100mm

(2) 철근이음
　　① 응력이 큰 곳은 피함
　　② 기둥은 하단에서 50cm 이상 이격
　　③ 기둥높이의 $\frac{3}{4}$ 이하 지점에서 이음
　　④ 보의 경우 Span 전장의 $\frac{1}{4}$ 지점 압축 측에 이음
　　⑤ 엇갈리게 이음하고, $\frac{1}{2}$ 이상을 한 곳에 집중시키지 않는다.

콘크리트공사

• 콘크리트 요구조건

(1) 강도발현
(2) 작업성
(3) 균질성
(4) 내구성
(5) 수밀성
(6) 경제성

• 콘크리트공사 시공순서 F/C

(1) F/C
　　계량 → 비빔 → 운반 → 타설 → 다짐 → 이음 → 양생

(2) 운반시간(비비기~치기)
　① 외기 25℃ 이상 시 1.5시간 이내
　② 외기 25℃ 이상 시 2.0시간 이내
(3) 타설 시 준수사항
　① 낙하높이 1.5m 이하 유지
　② Cold Joint 유의
　③ 타설속도 준수
　④ 타설순서 준수
(4) 다짐 시 준수사항

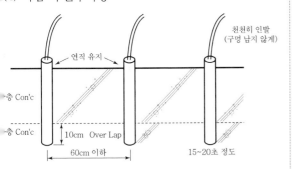

(5) 이음종류
　① 신축이음(Expantion Joint, Isolation Joint, 분리줄눈)
　② 수축이음(수축줄눈, 균열유발줄눈, 조절줄눈, Contration Joint, Control Joint)
　③ 시공이음(Construction Joint)
　④ Cold Joint
　⑤ Delay Joint(지연줄눈)
(6) 양생의 종류
　① 습윤　　　　　② 증기
　③ 전기　　　　　④ 피막
　⑤ Precooling　　⑥ Pipe Cooling
　⑦ 단면보온　　　⑧ 가열보온

콘크리트의 성질

(1) 굳지 않은 콘크리트 성질
(2) 굳은 콘크리트 성질
(3) Creep 변형 : 콘크리트의 변형, 처짐, 내구성 저하

콘크리트 타설 시 준수사항

(1) 가수 금지
(2) 지장물 확인
(3) 보안경 착용
(4) 펌프카 전후 안내표지 설치
(5) 펌프카 전도방지
(6) 차량유도자 배치
(7) 레미콘차량 바퀴 고임목
(8) 타설순서 준수
(9) 집중타설 금지
(10) Con'c 비산 주의

균열/완화

• 균열
(1) 균열 피해
(2) 균열의 종류
　① 굳지 않은 콘크리트
　　소성수축, 콘크리트침하, 콘크리트수화열, 거푸집변형, 진동충격
　② 굳은 콘크리트
　　건조수축, 온도수축, 동결융해, 중성화, 알칼리골재반응, 염해
(3) 중성화, 염해 균열 발생 메커니즘
　중성화, 염해 → 수분침투 → 철근부식 → 부피팽창 → 균열 → 내구성 저하
(4) 균열의 분류(크기)
(5) 균열평가방법(균열 측정)

• 열화
(1) 콘크리트 비파괴시험 목적
(2) 콘크리트 비파괴시험 종류
　① 강도법(반발경도법, Schmidt Hammer Test)
　② 초음파법(음속법, Ultrasonic Tecniques)
　③ 복합법(강도법＋초음파법)
　④ 자기법(철근 탐사법, Magnetic Method)
　⑤ 음파법(공진법, Sonic Method)
　⑥ 레이더법(Radar Method)
　⑦ 방사선법(Radiographic Method)
　⑧ 전기법(Electrical Method)
　⑨ 내시경법(Endoscopes Method)
(3) 구조물 손상 종류 및 보수 · 보강공법

구분	손상유형	보수 · 보강
콘크리트	박리, 균열, 백태	충진, 주입
	박락, 층분리	강재 Anchor, 충진, 치환
강재	부식	방청제 도포, 내화피복
	손상	강판보강

(4) 보수 · 보강공법
　① 보수공법
　　표면처리, 충전, 주입, BIGS(Ballon Injection Grouting System), Polymer 시멘트 침투, 치환
　② 보강공법
　　강판부착, 강재 Anchor, 강재 Jacking, 외부강선보강, Pre－stress, 단면 증가, 탄소섬유 시트, 교체공법(전면, 부분)

철근콘크리트공사

• 특수 콘크리트(2)

구분		수중 콘크리트	수밀 콘크리트	고강도 콘크리트
개요		• 구조물의 기초 등을 시공하기 위해 수면 아래에 타설하는 Con'c	• 방수 성능 확보 • 방수성 · 풍화 : 전류에 강함 • 내화학 성능	• 압축강도 40MPa 이상의 Con'c
장단점		• 철근과의 부착강도 • 재료분리 • 품질의 균등성 • 시공 후 품질확인	• 산 · 알칼리 · 해수 동결융해에 강함 • 풍화를 방지 및 전류 영향 우려가 적음	• 부재 경량화 가능 • 소요단면 감소 • 취성파괴 우려 • 시공 시 품질변화 우려
재료	시멘트	• 보통, 중용열	• 보통	• 보통
	혼화제	• AE제, AE감수제 • 유동화제	• AE제, AE감수제	• 고로, Fly Ash • Silica Fume, Fly Ash, Pozzolan

시공		• Tremie 공법
		  – Intrusion Aid
		• Con'c Pump 공법
		  – 압송압력 1.0kg/cm² 이상 유지
		  – 타설방법은 Tremie와 같음
		• 밑열림 상자공법
		  – 소규모 공사 시 타설
		• 밑열림 포대 Con'c 공법
		• 간이수중 Con'c 공법
			• 시공이음 없음
			• 시공이음부 청소
			• 지수판 설치
			• 연직 시공이음
			• 거푸집의 조립, 누수 없음
				• 일반적인 시공방법

거푸집 공사		• 측압에 견디는 거푸집 구조 • 골재 채움선 청소 철저	• 수밀 거푸집	• 수밀 거푸집

특수 콘크리트(3)

구분		고성능 콘크리트	유동화 콘크리트	고유동 콘크리트
개요		• 고강도, 고내구성, 고수밀성 Con'c • 다짐 없이 자체 충진 가능	• R.M.C에 유동화제를 첨가하여 일시적으로 Slump를 증대	• 유동성, 충전성, 재료분리 저항성을 겸비한 Con'c • Cement와 골재의 결합력 향상 • 자중에 의한 다짐
장단점		• 시공능률 향상 • 재료분리 감소 • 다짐 및 작업량 감소 • 변형 감소 • 폭렬현상 우려	• 시공연도 개선 • 건조수축 균열 감소 • Bleeding 적음 • 수밀성 증대 • 투입공정이 길다.	• 중성화 저항성 우수 • 염해 저항성 우수 • 탄성계수 부족
재료	시멘트	• M.D.F Cement	• 보통, 분말도 높은 것	• 보통
	혼화제	• 고성능 감수제 • Silica Fume	• 고성능 감수제 • Silica Fume	• 고성능 AE감수제 • Fly Ash • 고로 Slag 미분말, 분리저감제
시공		• 일반적인 시공방법 • Auto Clave 양생	• 일반적인 시공방법	• 배합시간 60±10초 • 배합에서 타설까지 120분 이내 • 이어치기 • 20℃ 이하 90분 이내 • 20~30℃ 이하 60분 이내
거푸집 공사		• 수밀 거푸집	• 수밀 거푸집	• 수밀거푸집

해체공사

해체공사 분류

(1) 기계에 의한 해체공법
　　① 철해머 공법(Steel Ball 공법, 타격공법)
　　② 소형 브레이커공법(Hand Breaker)
　　③ 대형 브레이커공법(Giant Breaker)
　　④ 절단공법(절단톱, 절단줄)
(2) 전도공법
(3) 유압력에 의한 해체공법
　　① 유압잭공법
　　② 압쇄공법
(4) 팽창압공법
(5) 화약의 폭발력의 의한 해체공법
　　① 발파공법
　　② 폭파공법
(6) Water Jet 공법
(7) 레이저공법

해체공사

• 해체공사 시 사전 조사사항

(1) 구조물조사

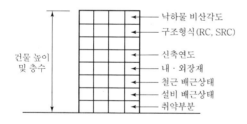

(2) 인접지역 상황조사

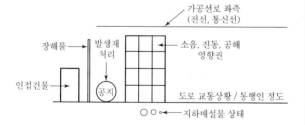

• 해체작업 순서 F/C

(1) 주변상황 파악 : 건물, 도로, 지장물 등
(2) 해체공법 결정
(3) 관청신고
(4) 가설막 설치
(5) 사전 철거작업 실시

(6) 본 해체공사 실시
(7) 해체물 파쇄 및 운반

• 발파식 해체공법(폭파공법)

〈발파식 해체공법의 장단점〉

장점	단점
• 해체 불가능 구조물 해체 가능 • 공기단축 • 소음, 진동, 분진 발생이 순간적임 • 주변시설물에 피해 적음	• 공사비 과다 • 인허가 복잡 • 1회에 실패 시 후속처리 곤란

해체공사 시 안전대책

• 해체공사 시 재해유형과 안전대책

(1) 재해유형
　　① 추락 : 비계 설치 해체, 개구부
　　② 낙하, 비래 : 해체물 낙하, 비래
　　③ 감전 : 해체 기계·기구의 전선
　　④ 충돌, 협착 : 해체장비
　　⑤ 붕괴, 도괴
　　⑥ 지하매설물 파손
(2) 안전대책

• 해체작업에 따른 공해방지대책

(1) 소음진동 최소화공법 선정
(2) 방진, 방음막 설치
(3) 분진 차단막 설치
(4) 가설울타리 설치
(5) 낙하물 방호선반 설치
(6) 환기설비 설치
(7) 살수설비 설치
(8) 지반침하 가능성 고려
(9) 연락설비

신고대상 건축물

(1) 「건축법 시행령」 제2조제18호 나목 또는 다목에 따른
   특수구조 건축물
(2) 건축물에 10톤 이상의 장비를 올려 해체하는 건축물
(3) 폭파하여 해체하는 건축물

해체신고 절차

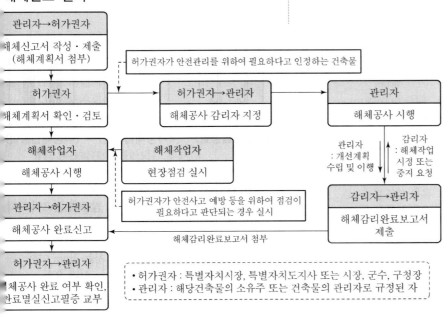

(2) 용접검사방법 분류
   ① 외관검사
   ② 절단검사
   ③ 비파괴검사
     ㉮ 방사선 투과법
     ㉯ 초음파 탐사법
     ㉰ 자기분말 탐상법
     ㉱ 침투 탐상법
(3) 용접결함 원인
(4) 용접결함 방지대책

교량받침(교좌장치, Shoe)

• **교량받침의 종류**

(1) 고정받침

〈Pot 받침〉　　〈선 받침〉　　〈고무판 받침〉

〈Pin 받침〉　　〈Pivot 받침〉

(2) 가동 받침

〈Pot 받침〉　　〈선 받침〉　　〈고무판 받침〉

〈Rollor 받침〉　　〈Pivot 받침〉

• **교량받침의 배치**

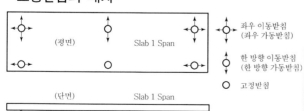

• **교량받침의 파손원인**

(1) 고정받침
(2) 가동받침

• **교량받침의 파손 방지대책**

(1) 교좌장치의 적정한 배치
(2) 받침 고정을 정확히
(3) 방식, 방청 도장 시 너무 두껍지 않도록
(4) 받침에 물이 고이지 않도록
(5) 이동제한장치 설치
(6) 앵커볼트 매입 시 무수축 콘크리트 타설 준수
(7) 받침콘크리트 압축강도 24MPa 이상 유지

〈터널공사〉

터널공법 분류

터널공법의 분류

(1) MESSER
(2) NATM
(3) TBM
(4) Shield
(5) 개착식 공법
(6) 침매공법

시특법상

(1) 1종
(2) 2종
(3) 3종

NATM 공법

NATM의 시공순서

(1) 지반조사
(2) 갱구부 설치
(3) 발파
(4) 굴착
(5) 지보공 작업
    ① 1차 Shotcrete 타설
    ② Steel Rib 설치
    ③ 2차 Shotcrete 타설
(6) 방수
(7) Lining Concrete 타설
(8) Invert Concrete 타설
(9) 계측관리

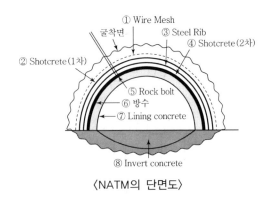

〈NATM의 단면도〉

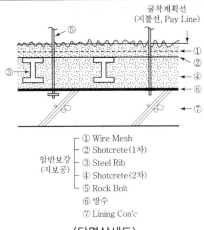

암반보강 (지보공)
① Wire Mesh
② Shotcrete(1차)
③ Steel Rib
④ Shotcrete(2차)
⑤ Rock Bolt
⑥ 방수
⑦ Lining Con'c

〈단면상세도〉

• 갱구부 설치

(1) 갱구부 단면도, 정면도

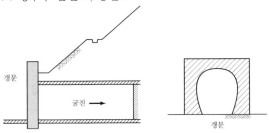

(2) 갱구부 변형 발생 원인
(3) 안전대책

• 발파

(1) 굴착공법 분류
    ① 전단면 굴착(지반상태 양호 시)
    ② 분할 굴착(지반상태 보통 시)
      • Short Bench Cut
      • Long Bench Cut
      • 다단 Bench Cut
    ③ 선진 도갱굴착(지반상태 불량 시)
      • 측벽도갱
      • Ring Cut
      • Silot
      • 중벽분할

〈중벽분할〉

〈항만공사〉

항만구조물 분류

• 방파제

(1) 경사제
    ① 사석식   ② Block식
(2) 직립제
    ① Caisson식   ② Block식
    ③ Cellular Block식 ④ Concrete 단괴식
(3) 혼성식
    ① Caisson식   ② Block식
    ③ Cellular Block식 ④ Concrete 단괴식

• 계류시설

(1) 중력식
    ① Caisson식
    ② Block식
    ③ L형 Block식
    ④ Cell Block식
(2) 널말뚝식
    ① 보통 널말뚝식
    ② 자립 널말뚝식
    ③ 경사 널말뚝식
    ④ 이중 널말뚝식
(3) Cell식
(4) 잔교식
(5) 부잔교식
(6) Dolphin식
(7) 계선부표

방파제

• 공법 선정 시 고려사항

(1) 방파제 배치조건
(2) 주변 지형조건
(3) 시공조건
(4) 경제성
(5) 공사기간
(6) 공사재료의 조달성
(7) 이용도
(8) 유지관리성
(9) 친환경성

• 공법별 특징

(1) 경사제 방파제의 특징

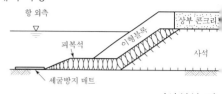

〈사석식 경사...

(2) 직립제 방파제의 특징

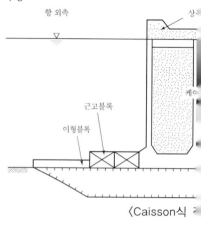

〈Caisson식 ...

(3) 혼성식 방파제의 특징

• 혼성 방파제의 시공

(1) 시공 구조도

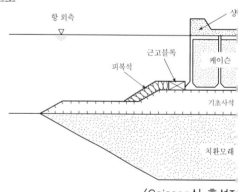

〈Caisson식 혼성제...

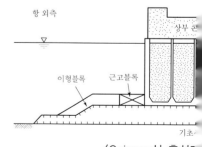

〈Caisson식 혼성제...

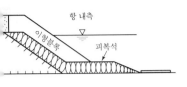

〈 제〉

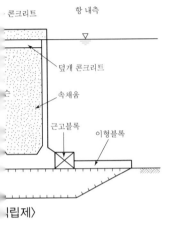

〈립제〉

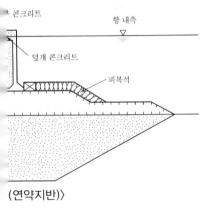

〈(연약지반)〉

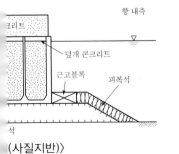

〈(사질지반)〉

(2) 시공순서 Flow Chart
　① 기초공
　　• 지반개량
　　• 기초사석공
　　• 세굴방지공
　　• 근고 Block공
　　• 사면피복
　② 본체공(Caisson)
　　• 제작장 부설
　　• Caisson 제작
　　• 진수
　　• 운반
　　• 가거치
　　• 부상
　　• 거치
　　• 속채움
　③ 상부공
　　• 하층
　　• 상층
(3) 기초시공 시 유의사항
　① 기초사석 투하 목적
　　• 기초지반 정리
　　• 지지력 확보
　　• 지반개량
　　• 상부 구조물 개량
　　• 침하방지
　② 기초 시공 시 유의사항
　　• 사석하부 기초지반처리 철저
　　• 사석부 마루는 가능한 높지 않게
　　• 사석두께는 1.5m 이상
　　• 사석부 어깨폭은 5m 이상
　　• 활동에 대한 검토
　　• 원호활동 방지
　　• 침하검토
　　• 주변환경 고려
　　• 항 내 교란이 없도록
　　• 사석 투입 시 표류방지
　　• 생태계 파괴 방지

계류시설

• 공법별 특징

(1) 중력식 계류시설
　① Caisson식
　② Block식
　③ L형 Block식(L-Shaped Block Type)
　④ Cell Block식(Cell Block Type)

Keypoint
건설안전기술사 (공사 안전)

발행일	2013. 1. 10.	초판 발행
	2015. 1. 15.	개정 1판 1쇄
	2018. 6. 1.	개정 2판 1쇄
	2020. 1. 20.	개정 3판 1쇄
	2022. 3. 20.	개정 4판 1쇄
	2024. 2. 20.	개정 5판 1쇄

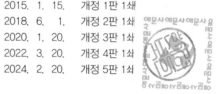

저 자 | 한경보
발행인 | 정용수
발행처 | 🔆예문사

주 소 | 경기도 파주시 직지길 460(출판도시) 도서출판 예문사
T E L | 031) 955 – 0550
F A X | 031) 955 – 0660
등록번호 | 11 – 76호

정가 : 25,000원

ISBN 978-89-274-5378-9 13530